贺东芹◎主编
李慧玲◎副主编

Premiere Pro
2024
视频编辑基础教程

◆ 全彩微课版 ◆

人民邮电出版社
北京

图书在版编目（CIP）数据

Premiere Pro 2024 视频编辑基础教程：全彩微课版 / 贺东芹主编. -- 北京：人民邮电出版社，2025.

（"创新设计思维"数字媒体与艺术设计类新形态丛书）.

ISBN 978-7-115-65827-2

Ⅰ．TP317.53

中国国家版本馆 CIP 数据核字第 20253J2J14 号

内 容 提 要

本书选用 Premiere Pro 2024 版本，从 Premiere 的基础知识入手，循序渐进地讲解 Premiere 视频编辑工作中常用的知识和技能，力求让零基础的读者能轻松入门。本书共 10 章，包括 Premiere 快速入门、视频合成基础、视频编辑技术、添加运动效果、添加视频过渡、添加视频效果、设计文字与图形、编辑音频、导出文件、综合案例。

本书可作为本科院校和职业院校影视摄影与制作、数字媒体艺术、数字媒体技术等相关专业的教材，也可作为想要从事影视制作、栏目包装、电视广告、后期编辑等工作的人员的参考书。

◆ 主　　编　贺东芹

　　副 主 编　李慧玲

　　责任编辑　韦雅雪

　　责任印制　胡　南

◆ 人民邮电出版社出版发行　　北京市丰台区成寿寺路 11 号

　　邮编　100164　电子邮件　315@ptpress.com.cn

　　网址　https://www.ptpress.com.cn

　　雅迪云印（天津）科技有限公司印刷

◆ 开本：787×1092　1/16

　　印张：12.5　　　　　　　　　2025 年 4 月第 1 版

　　字数：366 千字　　　　　　　2025 年 4 月天津第 1 次印刷

定价：79.80 元

读者服务热线：(010)81055256　印装质量热线：(010)81055316

反盗版热线：(010)81055315

前言

Premiere是一款优秀的视频编辑软件，它功能强大、应用广泛，所编辑画面质量好，有较好的兼容性，可以与Adobe公司推出的其他软件协作。目前，这款软件广泛应用于视频制作领域。

"Premiere视频编辑"是很多艺术设计相关专业的重要课程。党的二十大报告中提到："教育、科技、人才是全面建设社会主义现代化国家的基础性、战略性支撑。"为了促进各类院校快速培养优秀的视频编辑人才，本书力求通过多个案例，由浅入深地讲解用Premiere进行视频编辑的方法和技巧，帮助教师开展教学工作，同时帮助读者掌握实战技能、提高设计能力。

内容特色

本书的内容特色主要包括以下3个方面。

体系完整，讲解全面。本书条理清晰、内容丰富，选用Premiere Pro 2024版本，从Premiere的基础知识入手，由浅入深、循序渐进地介绍Premiere的各项操作，并对综合案例进行讲解。

案例丰富，步骤详细。本书精选大量典型的案例，详细介绍案例的操作步骤，辅以大量图片、微课视频，以便读者阅读、理解，从而更好地学习和掌握Premiere的各项操作。

学练结合，实用性强。本书设置与章节内容联系紧密的课后习题，帮助读者理解和巩固所学知识，具有较强的可操作性和实用性。

教学环节

本书精心设计"基础知识""课堂案例""软件功能""课后习题""综合案例"等教学环节，帮助读者全方位掌握Premiere视频编辑的方法和技巧。

基础知识：对Premiere的基础知识、Premiere视频编辑的基本流程进行介绍，让读者对使用Premiere进行视频编辑有基本的了解。

课堂案例：结合行业热点，用典型案例引入知识点，注重培养读者的学习兴趣，加深读者对知识点的理解，提升读者的应用能力。

软件功能：结合课堂案例，进一步讲解Premiere的软件功能，包括工具、命令等的使用方法，从而让读者深入掌握Premiere视频编辑的相关操作。

课后习题： 精心设计有针对性的课后习题，让读者进行同步训练，进一步培养读者独立完成视频编辑任务的能力。

综合案例： 设置综合案例，全面提升读者的实际应用能力。

配套资源

本书提供丰富的配套资源，读者可登录人邮教育社区（www.ryjiaoyu.com），在本书对应的页面中下载。

微课视频： 本书配有微课视频，读者扫描二维码后即可观看，支持线上线下混合式教学。

素材文件和效果文件： 本书提供所有案例需要的素材文件和效果文件，素材文件和效果文件均以案例名称命名。

素材文件　　效果文件

教学辅助文件： 本书提供PPT课件、教学大纲、教案等。

PPT课件　　教学大纲　　教案

编者

2025年1月

目录

第1章 Premiere 快速入门

本章导读

Premiere 是一款功能强大的数字视频编辑软件，也是目前流行的非线性视频编辑软件之一。本章主要介绍 Premiere 的基础知识，包括视频编辑的基本概念、常见视频格式、常见音频格式、Premiere Pro 2024 的工作界面、首选项设置、Premiere 项目操作、Premiere 的 AI 编辑功能，以及 Premiere 视频编辑的基本流程等内容。

本章学习要点

- Premiere 的基础知识
- Premiere 视频编辑的基本流程

1.1 Premiere的基础知识

Premiere拥有创建动态视频作品所需的大部分工具。无论是创建一段简单的视频，还是创建复杂的影片，Premiere都是合适的视频编辑软件。我们在学习使用Premiere进行视频编辑之前，首先需要了解Premiere的基础知识。

1.1.1 课堂案例：倒计时片头

效果文件位置	源文件>CH01>倒计时片头
素材文件位置	源文件>CH01>倒计时片头
技术掌握	了解Premiere的基本操作

倒计时片头

在Premiere中可以创建预设的影片项目，快速获取需要的素材。本例创建的"倒计时片头"效果如图1-1所示。

图1-1

（1）单击计算机屏幕下方的"开始"菜单按钮 ⊞，然后在"所有应用"中找到并单击"Adobe Premiere Pro 2024"命令，如图1-2所示。

图1-2

（2）启动Premiere Pro 2024后，在出现的主页对话框中单击"新建项目"按钮 新建项目 ，如图1-3所示。

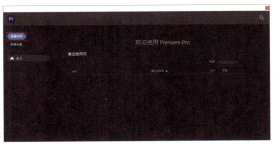

图1-3

小提示

进入Premiere Pro 2024的工作界面后，可以选择"文件>新建>项目"命令创建新项目。

（3）在"创建项目"面板左上方的"项目名"文本框中输入项目的名称，如图1-4所示。

图1-4

（4）单击"项目位置"下拉列表框，在弹出的下拉列表中选择"选择位置"选项，如图1-5所示。

图1-5

（5）在打开的"项目位置"对话框中设置保存项目的位置，如图1-6所示。

图1-6

（6）返回"创建项目"面板，单击面板右下方的"创建"按钮，即可创建一个新项目，如图1-7所示。

图1-7

（7）进入工作界面后，选择"文件>新建>通用倒计时片头"命令，如图1-8所示。

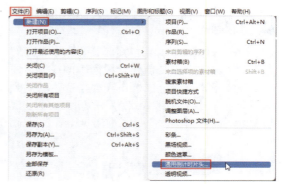

图1-8

（8）在打开的"新建通用倒计时片头"对话框中设置视频的宽度和高度，然后单击"确定"按钮，如图1-9所示。

图1-9

（9）在打开的"通用倒计时设置"对话框中根据需要设置倒计时视频颜色和提示音，如

图1-10所示。

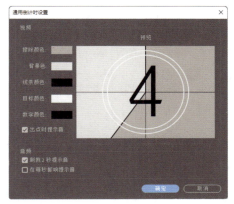

图1-10

（10）单击"确定"按钮 确定 ，创建的通用倒计时片头将显示在"项目"面板中，如图1-11所示。

图1-11

1.1.2 视频编辑的基本概念

在学习视频编辑之前，需要了解以下基本概念。

1. 动画

动画是通过迅速显示的一系列连续图像所产生的动作模拟效果。由于人眼看运动的物体会产生视觉残像，因此当单位时间内一组动作连续的静态图像依次快速显示时，人会感觉这是一段连贯的动画。

2. 帧

帧是视频或动画中的单幅图像。电视或电影中的视频是由一系列连续的静态图像组成的，在单位时间内的这些静态图像就称为帧。

3. 关键帧

关键帧是素材中一个特定的帧，用来进行特殊编辑或动画控制。创建一个视频时，在需要大量数据传输的部分指定关键帧，有助于控制视频播放的平滑程度。

4. 帧速率

帧速率是每秒播放的视频序列的帧数。帧速率的大小决定了视频播放的平滑程度。帧速率越大，动画效果越平滑，反之就会有阻塞感。

5. 像素

像素是一个个有色方块，是图像编辑中的基本单位。图像由许多像素以行和列的方式排列而成。文件包含的像素越多，文件越大，图像品质也就越好。

6. 视频制式

大家平时看到的电视节目都是经过处理后进行播放的。由于世界上各个国家和地区对电视视频制定的标准不同，其制式也有一定的区别。各种制式的区别主要表现在帧速率、分辨率、信号带宽等方面，而现行的彩色电视制式有NTSC（National Television System Committee，美国国家电视标准委员会）、PAL（Phase Alternation Line，逐行倒相制）和SECAM（Sequential Color and Memory，按顺序传送彩色与存储）三种。

7. 渲染

渲染是输出项目时进行的步骤，是在应用了转场和其他效果之后，将源信息组合成单个文件的过程。

1.1.3 常见视频格式

数字视频会根据播放媒介的不同而采用不同的视频压缩技术，不同的视频压缩技术导出的视频格式也不同。常见视频格式有以下5种。

1. AVI格式

AVI（Audio Video Interleave，音频视频交错）格式是一种专门为微软公司Windows操作系统设计的视频格式。这种视频格式的优点是兼容性好、调用方便、图像质量好，缺点是占用空间大。

2. MPEG格式

MPEG（Moving Picture Experts Group，运动图像专家组）格式包括MPEG-1、MPEG-2、MPEG-4。MPEG-1广泛应用于VCD（Video Compact Disc，小型影碟）的制作和网络视频的制作；MPEG-2主要应用于DVD（Digital Versatile Disc，数字通用光碟）的制作，同时在HDTV（High Definition Television，高清电视）和一些高要求视频的编辑和处理上也有一定

的应用空间；MPEG-4是一种新的压缩算法，用它压缩的文件主要用于网络播放。

3. ASF

ASF（Advanced Streaming Format）是微软公司针对Real Player软件研发出来的一种可以直接在网上观看的视频流媒体文件压缩格式。这种格式的文件可以在网上一边下载一边播放，不用存储到本地硬盘上。

4. QuickTime格式

QuickTime格式是苹果公司创立的一种视频格式，在图像质量和文件大小上具有很好的平衡性。

5. Real Video格式

Real Video格式主要定位于视频流应用方面，是视频流技术的创始格式。这种格式通过损耗图像质量的方式控制文件的大小，图像质量通常很差。

1.1.4 常见音频格式

音频是指一个用来表示声音的数据序列，由模拟声音经采样、量化和编码后得到。不同的数字音频设备一般对应不同的音频格式文件。常见的音频格式有以下5种。

1. WAV格式

WAV（Waveform Audio File）格式是微软公司开发的一种音频格式，也叫波形声音文件格式，是早期的音频格式。Windows操作系统及其应用程序都支持这种格式。

2. MP3格式

MP3格式的全称为MPEG Audio Layer-3格式。MPEG Layer-3是继MPEG Layer-1、MPEG Layer-2之后的升级版产品。

3. Real Audio格式

Real Audio格式是由RealNetworks公司推出的一种音频格式。它最大的特点就是可以实时传输音频信息，现在主要用于在线音乐欣赏。

4. MIDI格式

MIDI（Music Instrument Digital Interface）格式又称"乐器数字接口"格式，是数字音乐电子合成乐器的国际统一标准。

5. WMA格式

WMA（Windows Media Audio）格式是微软公司开发的用于互联网音频领域的一种音频格式。

1.1.5 Premiere Pro 2024的工作界面

本书使用Premiere Pro 2024版本，本小节讲解Premiere Pro 2024的工作界面。与启动其他应用程序一样，安装好Premiere Pro 2024后，可以通过以下2种方法启动Premiere Pro 2024。

第1种，双击桌面上的Premiere Pro 2024快捷图标 Pr，启动Premiere Pro 2024。

第2种，单击计算机屏幕下方的"开始"菜单按钮 ，然后找到并选择"Adobe Premiere Pro 2024"命令，启动Premiere Pro 2024。

启动Premiere Pro 2024后，可以进入启动画面，如图1-12所示。

图1-12

随后将出现主页对话框，通过该对话框，用户可以快速打开最近编辑的项目文件，以及执行新建项目、打开项目等操作。默认状态下，Premiere Pro 2024可以显示用户最近使用过的5个项目文件的路径（以名称列表的形式显示在"最近使用项"选区中），用户只需单击想要打开的项目的文件名，就可以快速地打开该项目文件，如图1-13所示。

图1-13

● "新建项目"按钮：单击此按钮，可以创建一个新的项目文件进行视频编辑。

● "打开项目"按钮：单击此按钮，可以打开一个计算机中已有的项目文件。

启动Premiere Pro 2024应用程序，然后新建一个项目，工作界面中会自动出现多个面板。

Premiere Pro 2024的工作界面主要由菜单栏和各面板组成，如图1-14所示。

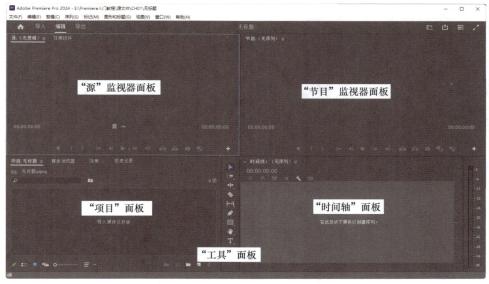

图1-14

1."项目"面板

"项目"面板用于存放项目中的视频、图片、音频素材和其他作品项目。

2."时间轴"面板

"时间轴"面板是视频作品的基础，在"时间轴"面板中可以组合项目的视频与音频序列、特效、字幕和切换效果等，如图1-15所示。

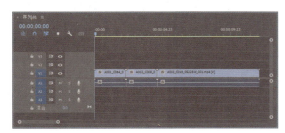

图1-15

3.监视器面板

监视器面板主要用于预览作品效果。Premiere Pro 2024提供了3种不同的监视器面板："源"监视器面板、"节目"监视器面板和"参考"监视器面板。

● "源"监视器面板：用于预览还未放入"时间轴"面板的素材效果，如图1-16所示。

● "节目"监视器面板：用于显示在"时间轴"面板的视频序列中组装的图形、特效和切换效果等，如图1-17所示。

图1-16

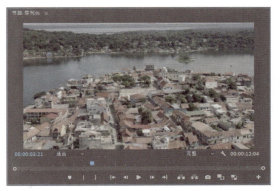

图1-17

● "参考"监视器面板：可以作为"节目"

监视器面板的补充，用于对比观察视频效果，如图1-18所示。

图1-18

4. "效果" 面板

使用"效果"面板可以快速应用多种预设效果、音频效果、音频过渡、视频效果和视频过渡等，如图1-19所示。

图1-19

5. "效果控件" 面板

使用"效果控件"面板可以设置效果的具体参数，如图1-20所示。

图1-20

6. "工具" 面板

使用"工具"面板中的工具可以在"时间轴"面板中编辑素材，如图1-21所示。

图1-21

7. "历史记录" 面板

使用"历史记录"面板可以无限制地执行撤销操作，如图1-22所示。

图1-22

> **小提示**
>
> 要调整面板的大小，可以按住鼠标左键并拖曳面板之间的分隔线。左右拖曳纵向分隔线可以改变面板的宽度，上下拖曳横向分隔线可以改变面板的高度。

1.1.6 首选项设置

选择"编辑>首选项"命令，在"首选项"命令的子命令中可以选择想要设置的子命令，如图1-23所示。首选项用于设置Premiere的外观、功能等，下面介绍首选项的常用设置。

1. 常规设置

在"首选项"命令的子命令中选择"常规"

子命令，可以打开"首选项"对话框，并显示"常规"选项对应的内容，在其中可以设置一些通用的项目选项，如图1-24所示。

图1-23

图1-24

2. 外观设置

在"首选项"对话框中选择"外观"选项，拖曳"亮度"选项组的滑块，可以修改Premiere工作界面的亮度，如图1-25所示。

图1-25

3. 自动保存

在"首选项"对话框中选择"自动保存"选

项，可以设置项目文件自动保存的时间间隔和最大项目版本，如图1-26所示。

图1-26

1.1.7　Premiere项目操作

使用Premiere进行视频编辑，首先需要掌握新建项目、保存项目、打开项目、关闭项目等基本操作。

1. 新建项目

新建Premiere项目有如下2种方式。

第1种，启动Premiere Pro 2024应用程序后，在打开的主页对话框中单击"新建项目"按钮 新建项目...（见图1-27），然后进入"创建项目"面板进行新建项目设置。

图1-27

第2种，在进入Premiere Pro 2024的工作界面后，选择"文件>新建>项目"命令创建新的项目（见图1-28），然后进入"创建项目"面板进行新建项目设置。

图1-28

2. 保存项目

在新建项目时，可将新项目保存到指定的位置。在编辑项目的过程中，可以选择"文件>保存"命令，或按Ctrl+S组合键，对当前的项目以原文件名及路径的方式进行保存，如图1-29所示。

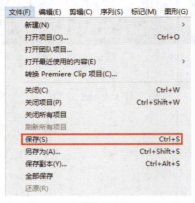

图1-29

小提示

如果在保存项目时想更改项目的文件名或路径，可以选择"文件>另存为"命令，或按Ctrl+Shift+S组合键，打开"保存项目"对话框，然后重新设置项目的保存路径或文件名，如图1-30所示。

图1-30

3. 打开项目

在Premiere中可以使用如下3种方式打开已有的项目。

第1种，启动Premiere Pro 2024应用程序后，在打开的主页对话框中单击"打开项目"按钮 **打开项目**，打开"打开项目"对话框，然后在该对话框中找到项目的保存路径，并打开需要的项目，如图1-31所示。

图1-31

第2种，选择"文件>打开项目"命令（见图1-32），或按Ctrl+O组合键，在打开的"打开项目"对话框中找到文件的保存路径，然后打开需要的项目。

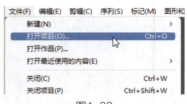

图1-32

第3种，选择"文件>打开最近使用的内容"命令，子命令中显示了最近使用过的项目，选择需要的项目，即可将其打开，如图1-33所示。

图1-33

4. 关闭项目

新建或打开一个项目后，在Premiere中可以根据需要对打开的项目进行关闭。单击"文件"菜单，弹出的命令中包括多个关闭命令，使用不同的命令可以执行不同的操作，如图1-34所示。

图1-34

"文件"菜单中常用关闭命令的作用如下。

- "关闭"命令：该命令用于关闭当前选择的面板。
- "关闭项目"命令：该命令用于关闭当前选择的项目。
- "关闭所有项目"命令：该命令用于关闭当前打开的所有项目。
- "关闭所有其他项目"命令：在打开多个项目后，该命令用于关闭除当前选择的项目以外的所有项目。

1.1.8　Premiere的AI编辑功能

在Premiere Pro 2024中，Adobe公司为其加入了一系列由AI驱动的强大功能，这些功能将帮助视频剪辑师们更高效地完成工作。

得益于全新的AI功能——"生成扩展"，Premiere Pro 2024能够为视频片段添加额外的帧，以便视频剪辑师们对场景进行恰当的时长调整并加入平滑的转场效果，例如延长某个场景的画面。此外，通过"智能选取"和"跟踪"功能，视频剪辑师们还可以轻松添加或移除视频中的物体。Adobe公司表示，视频剪辑师们可以利用这些功能移除不需要的元素，例如画面中的杂物，如图1-35所示。

图1-35

1.2 Premiere视频编辑的基本流程

本节将介绍运用Premiere Pro 2024进行视频编辑的基本流程。

1.2.1　课堂案例：水墨相册

效果文件位置	源文件>CH01>水墨相册	
素材文件位置	源文件>CH01>水墨相册	水墨相册
技术掌握	了解用Premiere进行视频编辑的基本流程	

本例将通过创建"水墨相册"影片，介绍视频编辑的基本流程。打开本例创建的"水墨相册.prproj"项目，查看最终效果，如图1-36所示。

图1-36

1. 创建项目

（1）启动Premiere Pro 2024应用程序，在主页对话框中单击"新建项目"按钮，或在菜单栏中选择"文件>新建>项目"命令，进入"创建项目"面板，设置项目名和项目位置，然后单击"创建"按钮，创建一个新项目，如图1-37所示。

图1-37

（2）选择"文件>新建>序列"命令，打开"新建序列"对话框，选择"标准32kHz"选项，然后在"序列名称"文本框中输入序列名称，如图1-38所示。

2. 添加素材

（1）选择"文件>导入"命令，打开"导入"对话框，找到素材文件位置，导入本例中需要的素材，如图1-40所示。

图1-40

（2）在"项目"面板中单击"新建素材箱"按钮，创建1个素材箱，然后对素材箱进行命名，如图1-41所示。

图1-38

（3）选择"设置"选项卡，在"编辑模式"下拉列表中选择"自定义"视频编辑模式，然后设置"帧大小"的"水平"值为1280、"垂直"值为720，再单击"确定"按钮，如图1-39所示。

图1-41

（3）在"项目"面板中将照片拖曳到创建的素材箱中，切换到列表视图，可以查看素材箱中的对象，如图1-42所示。

3. 编辑影片素材

（1）将文字素材和照片素材依次添加到"时间轴"面板的V1轨道中，如图1-43所示。

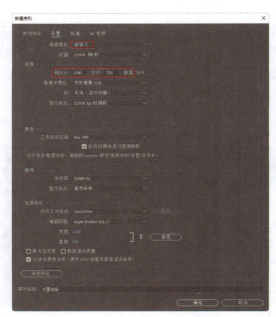

图1-39

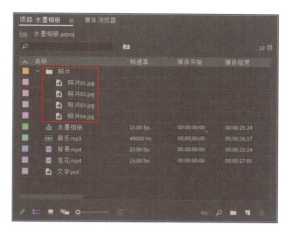

图1-42

图1-43

（2）将"背景.mp4"和"落花.mp4"素材分别添加到"时间轴"面板的V2和V3轨道中，各素材的入点都在第0秒处，如图1-44所示。

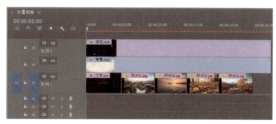

图1-44

（3）在"节目"监视器面板中对影片进行预览，如图1-45所示。

图1-45

（4）打开"效果"面板，依次展开"视频效果>键控"素材箱，然后将"亮度键"效果添加到V3轨道中的"落花.mp4"素材上，如图1-46所示。

图1-46

（5）在"效果控件"面板中设置"亮度键"的"阈值"为90%、"屏蔽度"为50%，如图1-47所示。

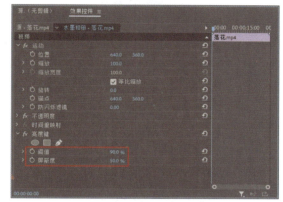

图1-47

（6）移动时间指示器，在"节目"监视器面板中预览给素材添加的"亮度键"效果，如图1-48所示。

图1-48

（7）将"亮度键"效果添加到V2轨道中的"背景.mp4"素材上，在"效果控件"面板中设置"亮度键"的"阈值"为60%，如图1-49所示。

（8）移动时间指示器，在"节目"监视器面板中预览给素材添加的"亮度键"效果，如图1-50所示。

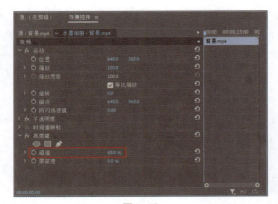

图1-49

图1-50

（9）根据背景的水墨效果，在"时间轴"面板中将照片素材向后移动。然后选择"文字.psd"素材，再选择"剪辑>速度/持续时间"命令，打开"剪辑速度/持续时间"对话框，设置文字的"持续时间"为7秒15帧，如图1-51所示。

图1-51

（10）将"照片01.jpg"素材的入点设置在7秒15帧，然后设置该素材的"持续时间"为4秒，如图1-52所示。

图1-52

（11）依次调整"照片02.jpg""照片03.jpg""照片04.jpg"的入点，并设置"照片02.jpg"和"照片03.jpg"的"持续时间"为5秒、"照片04.jpg"的"持续时间"为4秒10帧，如图1-53所示。

图1-53

（12）选择V1轨道中的"照片01.jpg"素材，将时间指示器移动到第11秒处，在"效果控件"面板中分别为"缩放"和"旋转"选项各添加一个关键帧，如图1-54所示。

图1-54

（13）将时间指示器移动到第11秒15帧处，分别为"缩放"和"旋转"选项各添加一个关键帧，设置"缩放"值为80、"旋转"值为-90°，如图1-55所示。

图1-55

（14）在"节目"监视器面板中预览给素材添加的运动效果，如图1-56所示。

图1-56

（15）选择V1轨道中的"照片02.jpg"素材，将时间指示器移动到第15秒20帧处，在"效果控件"面板中为"缩放"选项添加一个关键帧，设置"缩放"值为100，如图1-57所示。

图1-57

（16）将时间指示器移动到第16秒15帧处，为"缩放"选项添加一个关键帧，设置"缩放"值为200，如图1-58所示。

图1-58

（17）在"节目"监视器面板中预览给素材添加的运动效果，如图1-59所示。

图1-59

（18）使用同样的方法，给"照片03.jpg"和"照片04.jpg"素材添加缩放运动效果。

（19）选择V1轨道中的"照片04.jpg"素材，将时间指示器移动到第25秒处，在"效果控件"面板中为"不透明度"选项添加一个关键帧，设置"不透明度"值为100%，如图1-60所示。

图1-60

（20）将时间指示器移动到第26秒处，为"不透明度"选项添加一个关键帧，设置"不透明度"值为0%，如图1-61所示。

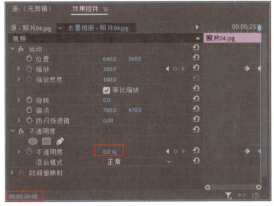

图1-61

（21）在"节目"监视器面板中预览给素材添加的不透明度效果，如图1-62所示。

图1-62

4. 编辑音频素材

（1）将"项目"面板中的"音乐.mp3"素

材添加到"时间轴"面板的A1轨道中，将其入点设置在第0秒处，如图1-63所示。

图1-63

（2）选择A1轨道中的"音乐.mp3"素材，将时间指示器移动到第0秒处，在"效果控件"面板中为"级别"选项添加一个关键帧，设置"级别"值为-∞，如图1-64所示。

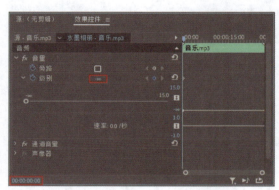

图1-64

（3）将时间指示器移动到第1秒处，为"级别"选项添加一个关键帧，设置"级别"值为0dB，如图1-65所示。

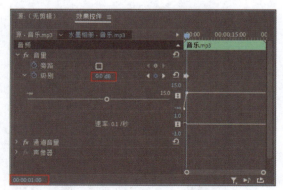

图1-65

（4）将时间指示器移动到第25秒处，为"级别"选项添加一个关键帧，设置"级别"值为0dB，如图1-66所示。

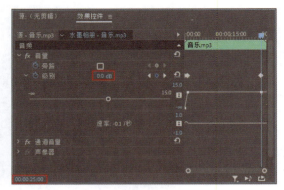

图1-66

（5）将时间指示器移动到第26秒处，为"级别"选项添加一个关键帧，设置"级别"值为-∞，如图1-67所示。

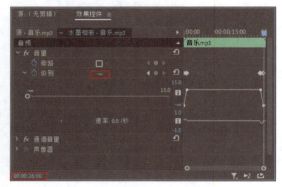

图1-67

5. 导出影片文件

（1）选择"文件>导出>媒体"命令，进入"导出"面板，在"文件名"文本框中输入导出的影片文件名，如图1-68所示。

图1-68

（2）在"位置"选项中单击保存文件的位置链接，如图1-69所示。

（3）在打开的"另存为"对话框中设置存储文件的路径，然后单击"保存"按钮 保存(S) ，如图1-70所示。

（4）在"格式"下拉列表中选择一种视频格式（如H.264），如图1-71所示。

图1-69

图1-70

图1-71

（5）在"导出"面板右下方单击"导出"按钮，将项目文件导出为影片文件，如图1-72所示。

图1-72

（6）将项目文件导出为影片文件后，可以在相应的位置找到导出的文件，并且可以使用媒体播放器对该文件进行播放，如图1-73所示。至此，完成本例的制作。

图1-73

1.2.2　建立项目

运用Premiere Pro 2024进行视频编辑的过程中，首先要建立Premiere项目。在Premiere项目中可以导入并编辑视频、音频和图片等，所有的素材必须先保存在磁盘中。

1.2.3　创建序列

在序列中对素材进行编辑，是视频编辑的重要环节。建立好项目并导入素材后就可以创建序列，随后即可在序列中组接素材，并对素材进行编辑。

1.2.4　编辑素材

在编辑视频序列的过程中，可以对素材的持续时间、播放速度等属性进行编辑，还可以添加视频过渡使素材间的连接更加和谐、自然，添加视频效果使视觉效果更加丰富多彩。

1.2.5　导出影片

导出影片是将编辑好的项目文件以视频格式输出。导出影片时可根据实际需要为影片选择一种视频格式。

1.3　课后习题

通过对本章的学习，读者应该对Premiere文件操作和项目创建等有了深入的了解。本节将通过两个课后习题，帮助读者巩固所学知识。

课后习题：打开与另存项目

效果文件位置	源文件>CH01>习题01
素材文件位置	源文件>CH01>习题01
技术掌握	项目文件的基本操作

打开与另存项目

保存好项目文件后，可以在下次需要时将其打开，以便进行查看和编辑，也可以将其以其他名称和位置保存。本习题效果如图1-74所示。

图1-74

（1）选择"文件>打开项目"命令，或按Ctrl+O组合键，打开"打开项目"对话框，找到文件的保存路径，选择需要打开的项目文件，然后单击"打开"按钮 打开(O)，如图1-75所示。

图1-75

（2）打开项目文件后，即可进入工作界面查看项目内容，在"节目"监视器面板中可以预览影片的编辑效果，如图1-76所示。

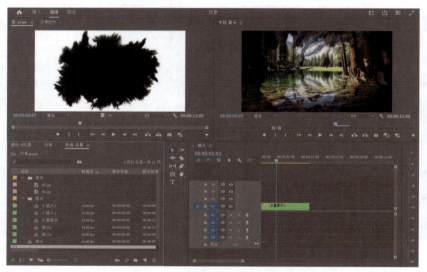

图1-76

（3）选择"文件>另存为"命令，打开"保存项目"对话框，在该对话框中可以重新设置文件的保存路径和文件名，然后单击"保存"按钮 保存(S)，如图1-77所示。

图1-77

课后习题：创建颜色遮罩

效果文件位置	源文件>CH01>习题02
素材文件位置	无
技术掌握	创建颜色遮罩

创建颜色遮罩

除了可以选择"文件"菜单中的命令创建Premiere项目外，也可以在Premiere的"项目"面板中单击"新建项"按钮创建项目。本习题以创建颜色遮罩为例，讲解在"项目"面板中创建项目的操作，如图1-78所示。

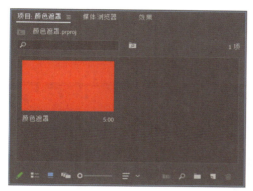

图1-78

（1）启动Premiere应用程序，单击"项目"面板中的"新建项"按钮，在弹出的列表中选择"颜色遮罩"选项，如图1-79所示。

图1-79

（2）在打开的"新建颜色遮罩"对话框中设置视频的宽度和高度，单击"确定"按钮，如图1-80所示。

图1-80

（3）在打开的"拾色器"对话框中设置颜色遮罩的颜色，单击"确定"按钮，如图1-81所示。

图1-81

（4）在打开的"选择名称"对话框中设置颜色遮罩的名称，如图1-82所示。单击"确定"按钮，即可在"项目"面板中创建颜色遮罩素材。

图1-82

第2章 视频合成基础

本章导读

使用 Premiere 进行视频编辑，首先需要创建项目，将需要的素材导入"项目"面板中进行管理。然后在"时间轴"面板中对素材进行编辑，再将素材片段组合起来。本章主要介绍在 Premiere 中与素材管理和创建序列相关的知识。

本章学习要点

● 素材管理　　　　　　　　　　　　　● 创建序列

2.1 素材管理

使用Premiere进行视频编辑，首先需要将所需素材导入"项目"面板中进行管理，然后根据需要对素材进行编辑，以便在视频合成时进行调用。

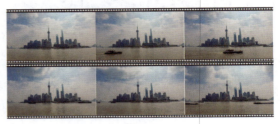

图2-1

2.1.1 课堂案例：风驰电掣

效果文件位置	源文件>CH02>风驰电掣
素材文件位置	源文件>CH02>风驰电掣
技术掌握	了解Premiere的素材管理

二维码：风驰电掣

在Premiere中创建项目后，将视频素材导入"项目"面板中，可以设置视频素材的播放速度，以改变影片的播放效果。本例通过提高视频的播放速度，使影片产生风驰电掣的效果，如图2-1所示。

（1）启动Premiere应用程序，在主页对话框中单击"新建项目"按钮 新建项目 ，如图2-2所示。

图2-2

（2）进入"创建项目"面板中设置项目名和项目位置，然后单击"创建"按钮 创建 ，创建一个新项目，如图2-3所示。

图2-3

（3）进入工作界面后，选择"文件>导入"命令，打开"导入"对话框，选择"航拍.mp4"素材，然后单击"打开"按钮 打开(O) ，如图2-4

所示。导入的素材将存放在"项目"面板中，如图2-5所示。

图2-4

图2-5

（4）选择"项目"面板中的"航拍.mp4"素材，单击鼠标右键，在弹出的快捷菜单中选择"速度/持续时间"命令，如图2-6所示。

图2-6

 小提示

在"项目"面板中选择素材，然后选择"剪辑>速度/持续时间"命令，也可以设置素材的播放速度。

（5）在打开的"剪辑速度/持续时间"对话框中设置"速度"值为150%，然后单击"确定"按钮，如图2-7所示。

图2-7

（6）在"项目"面板中切换为列表视图，然后将鼠标指针移动到"航拍.mp4"素材上，此时会显示修改素材播放速度后的信息，如图2-8所示。

图2-8

（7）将"项目"面板中的"航拍.mp4"素材拖曳到"时间轴"面板中，创建该素材的序列，如图2-9所示。

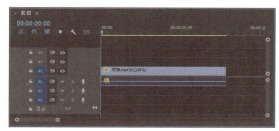

图2-9

（8）在"节目"监视器面板中单击"播放-停止切换"按钮，可以预览影片加速后的效果，如图2-10所示。

图2-10

2.1.2　导入素材

使用Premiere进行视频编辑，首先要将所

需素材导入"项目"面板中。在Premiere中除了可以导入常规素材外，还可以导入静帧序列素材、项目文件等。

1. 导入常规素材

启动Premiere Pro 2024应用程序，在执行新建项目操作的过程中，用户可以在"创建项目"面板中设置导入素材的路径，在素材列表中选择需要导入的素材，如图2-11所示。然后单击"创建"按钮 创建 ，可以在创建新项目的同时，导入所选素材，并自动将导入的素材添加到新序列中，如图2-12所示。

如果在新建项目的过程中没有导入素材，用户也可以在新建项目后通过如下3种方式导入素材。

图2-11

图2-12

第1种，选择"文件>导入"命令，如图2-13所示。

第2种，在"项目"面板的空白处双击。

第3种，在"项目"面板的空白处单击鼠标右键，在弹出的快捷菜单中选择"导入"命令，如图2-14所示。

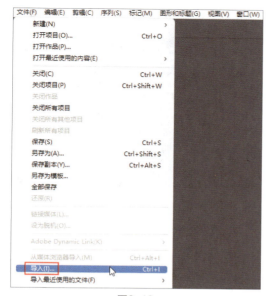

图2-13

图2-16

2. 导入静帧序列素材

　　静帧序列素材是指按照名称编号顺序排列的一组格式相同的静态图片，这组图片的内容在时间上有先后顺序。

　　选择"文件>导入"命令，在打开的"导入"对话框中选择素材的存放位置，然后选择静帧序列素材中的第一张图片，再勾选"图像序列"复选框，单击"打开"按钮 打开(O) ，如图2-17所示。将静帧序列素材导入"项目"面板中的效果如图2-18所示。

图2-14

　　在打开的"导入"对话框中选择素材的存放位置，然后选择要导入的素材，单击"打开"按钮 打开(O) ，如图2-15所示。将选择的素材导入"项目"面板中的效果如图2-16所示。

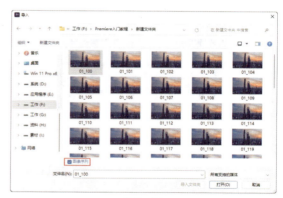

图2-17

图2-15

图2-18

3. 导入项目文件

Premiere Pro 2024不仅能导入各种媒体素材，还可以在一个项目文件中以素材形式导入另一个项目文件。

选择"文件>导入"命令，在打开的"导入"对话框中选择要导入的嵌套项目文件，单击"打开"按钮 打开(O)，如图2-19所示。在打开的"导入项目"对话框中选择"百花争艳"项目导入类型并单击"确定"按钮 确定，如图2-20所示。

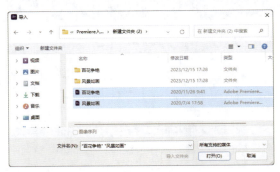

图2-19

图2-20

继续在"导入项目"对话框中选择"风景如画"项目导入类型并单击"确定"按钮 确定，如图2-21所示。将选择的项目导入"项目"面板中，会将导入项目包含的所有素材和序列同时导入，如图2-22所示。

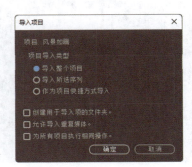

图2-21

图2-22

2.1.3 管理素材

在"项目"面板中对素材进行管理，可以为后期的影视编辑工作带来事半功倍的效果。用户可以使用Premiere"项目"面板中的素材箱（类似于文件夹）对各种素材进行分类管理。

1. 创建素材箱

当"项目"面板中的素材过多时，通常选择创建素材箱对素材进行分类管理。在"项目"面板中创建素材箱有如下3种常用方法。

第1种，选择"文件>新建>素材箱"命令，如图2-23所示。

图2-23

第2种，在"项目"面板空白处单击鼠标右键，在弹出的快捷菜单中选择"新建素材箱"命令，如图2-24所示。

图2-24

第3种，单击"项目"面板右下方的"新建素材箱"按钮▢，如图2-25所示。

图2-25

2. 分类管理素材

在"项目"面板中新建素材箱后，用户可以修改素材箱的名称，用于分类存放导入的素材。

在"项目"面板中导入素材，新建一个素材箱，然后修改素材箱的名称，按Enter键确定，如图2-26所示。选择"项目"面板中的图片素材，按住鼠标左键并将其拖曳到"图片"素材箱上，松开鼠标左键，即可将选择的素材放入"图片"素材箱中，如图2-27所示。

图2-26

图2-27

单击各个素材箱前面的展开按钮▶，可以折叠素材箱，隐藏其中的内容，如图2-28所示。再次单击素材箱前面的展开按钮▶，即可展开素材箱。双击素材箱，可以进入该素材箱，并显示该素材箱中的内容，如图2-29所示。

图2-28

图2-29

3. 在"项目"面板中预览素材

在"项目"面板标题处单击鼠标右键，在弹出的快捷菜单中选择"预览区域"命令，如图2-30所示。此时"项目"面板左上方将出现一个预览区域，选择一个素材后，即可在此预览素材的效果，如图2-31所示。

4. 切换图标视图和列表视图

在"项目"面板中导入素材后，可以使用图标格式或列表格式显示项目中的素材。

单击"项目"面板左下方的"图标视图"按钮▢，所有素材都将以图标格式显示，如图2-32所示。单击面板左下方的"列表视图"按钮▢，所有素材都将以列表格式显示，如图2-33所示。

图2-30

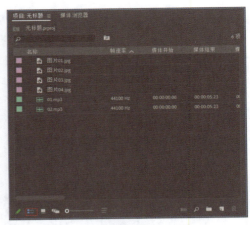

图2-33

5. 链接脱机文件

脱机文件是当前项目已丢失的素材文件，Premiere可以记忆丢失的源素材文件信息。在项目中即使某一个素材文件丢失了，Premiere也仍然会保留之前对该素材文件的编辑信息。脱机文件在"项目"面板中显示的图标如图2-34所示。脱机文件在"节目"监视器面板中的显示效果如图2-35所示。

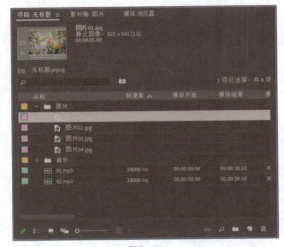

图2-31

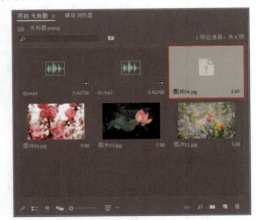

图2-34

图2-32

图2-35

在脱机文件上单击鼠标右键，在弹出的快捷菜单中选择"链接媒体"命令，如图2-36所示。在打开的"链接媒体"对话框中单击"查找"按钮 查找 ，如图2-37所示。在打开的查找对话框中找到并选择需要链接的素材文件，然后单击"确定"按钮 确定 ，即可完成脱机文件的链接，如图2-38所示。

图2-36

图2-37

图2-38

2.1.4 编辑素材

在"项目"面板中可以对素材进行持续时间修改、播放速度修改、重命名和清除等。

1. 修改素材持续时间

选择"项目"面板中的素材，然后选择"剪辑>速度/持续时间"命令，如图2-39所示。或

者在该素材上单击鼠标右键，在弹出的快捷菜单中选择"速度/持续时间"命令，也可以打开"剪辑速度/持续时间"对话框，输入一个"持续时间"值并单击"确定"按钮 确定 ，为素材设置新的持续时间，如图2-40所示。

图2-39

图2-40

小提示

"剪辑速度/持续时间"对话框中的"持续时间"值为00:00:03:00，表示素材的持续时间为3秒。单击对话框中的"链接"按钮 ，可以解除速度和持续时间之间的约束链接。

2. 修改素材播放速度

使用Premiere可以对素材的播放速度进行修改。选择"项目"面板中的素材，然后选择"剪辑>速度/持续时间"命令，打开"剪辑速度/持续时间"对话框，可以修改素材的播放速度，如图2-41所示。修改播放速度后单击"确定"按钮 确定 ，即可修改素材的播放速度。

图2-41

小提示

打开"剪辑速度/持续时间"对话框，将"速度"值设置为大于100%的数值会加快素材的播放速度，设置为0%~99%的数值将减慢素材的播放速度。

3. 重命名素材

在"项目"面板中选择素材后，单击素材的名称，可以激活素材名称文本框，如图2-42所示。输入新的名称，按Enter键即可完成素材的重命名操作，如图2-43所示。

图2-42

图2-43

4. 清除素材

在影视编辑过程中，清除多余的素材，可以降低管理素材的复杂程度。在Premiere中清除素材的常用方法有如下3种。

第1种，在"项目"面板中的素材上单击鼠标右键，在弹出的快捷菜单中选择"清除"命令。

第2种，在"项目"面板中选择要清除的素材，然后单击"清除"按钮 🗑。

第3种，选择"编辑>移除未使用资源"命令，可以将未使用的素材清除。

2.2 创建序列

在Premiere中，视频编辑通常在"时间轴"面板中进行。将素材导入"项目"面板后，需要将素材添加到"时间轴"面板中进行编辑。

2.2.1 课堂案例：多彩世界

效果文件位置	源文件>CH02>多彩世界	
素材文件位置	源文件>CH02>多彩世界	多彩世界
技术掌握	认识"时间轴"面板，了解编辑序列的方法	

本例将在"时间轴"面板中对素材进行合成，创建"多彩世界"影片，如图2-44所示。

图2-44

（1）选择"文件>新建>项目"命令，在"创建项目"面板中输入项目名，并设置好项目位置，然后单击"创建"按钮 创建，新建一个项目，如图2-45所示。

图2-45

（2）进入工作界面后，选择"文件>导入"命令，打开"导入"对话框，选择需要的素材，然后单击"打开"按钮 打开(O)，如图2-46所示。导入的素材将存放在"项目"面板中，如图2-47所示。

图2-46

图2-47

（3）选择"文件>新建>序列"命令，打开"新建序列"对话框，在该对话框中输入序列名称，如图2-48所示。

（4）选择"设置"选项卡，在"编辑模式"下拉列表中选择"自定义"选项，设置"帧大小"

的"水平"值为1280、"垂直"值为720，然后单击"确定"按钮 确定，如图2-49所示。

图2-48

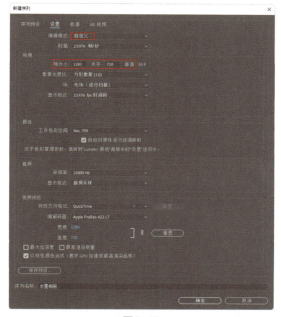

图2-49

（5）将"项目"面板中的各个素材依次拖曳到"时间轴"面板的V1轨道中，如图2-50所示。在"节目"监视器面板中的预览效果如图2-51所示。

（6）在"时间轴"面板中选中所有素材，然后在其中一个素材上单击鼠标右键，在弹出的快捷菜单中选择"缩放为帧大小"命令，如图2-52所示。在"节目"监视器面板中的预览效果如图2-53所示。

中单击，再输入文字，如图2-55所示。

图2-50

图2-51

图2-52

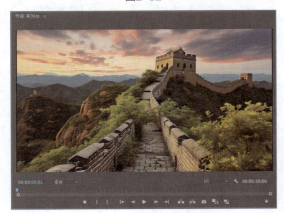

图2-53

（7）在"工具"面板中单击"文字工具"按钮 T，如图2-54所示。在"节目"监视器面板

图2-54

图2-55

（8）打开"基本图形"面板，选择"编辑"选项卡，然后设置文字的字体、大小和不透明度，如图2-56所示。

图2-56

（9）此时，创建的文字素材将自动添加在V2轨道中，将鼠标指针靠近文字素材尾端，当鼠标指针变为 图标时，按住鼠标左键并拖曳，如图2-57所示。这样可以调整文字素材的出点，如图2-58所示。

图2-57

图2-58

（10）在"节目"监视器面板中单击"播放-停止切换"按钮 ▶ ，可以预览素材合成后的效果，如图2-59所示。

图2-59

2.2.2　认识"时间轴"面板

"时间轴"面板用于组合"项目"面板中的

各种素材，是按时间顺序排列素材、制作影视节目的编辑面板。在创建序列前，"时间轴"面板中只有标题、时间码和工具，而且它们大多呈不可用的灰色状态，如图2-60所示。

图2-60

将素材添加到"时间轴"面板中，或选择"文件>新建>序列"命令，创建一个序列后，"时间轴"面板将变为由工作区、视频轨道控制区、音频轨道控制区和各种工具等组成的面板，如图2-61所示。

> 🔔 小提示
>
> 如果在Premiere的工作界面中未发现"时间轴"面板，可以通过双击"项目"面板中的序列图标，或选择"窗口>时间轴"命令将"时间轴"面板打开。

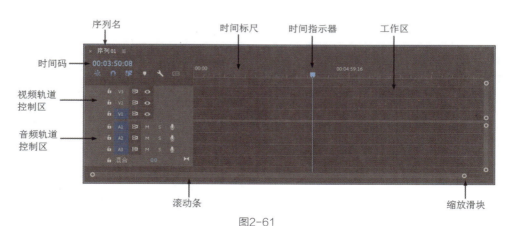

图2-61

2.2.3　创建序列

选择"文件>新建>序列"命令，打开"新建序列"对话框，在下方文本框中输入序列名

称，如图2-62所示。在"序列预设""设置""轨道"选项卡中设置需要的参数，然后单击"确定"按钮  ，即可在"时间轴"面板中新建一个序列，如图2-63所示。

图2-62

图2-63

 小提示

将"项目"面板中的素材拖曳到"时间轴"面板中，也可以创建一个以素材名称命名的序列。

1. 序列预设

在"新建序列"对话框中选择"序列预设"选项卡，在"可用预设"列表中可以选用所需的序列预设参数。Premiere为NTSC制式和PAL制式提供了DV（Digital Video，数字视频）预设。

如果正在进行的DV项目中的视频不用于宽屏幕（16∶9的纵横比），可以选择"标准48kHz"选项。该预设将声音品质设置为48kHz，用于匹配素材的声音品质。

如果使用DV影片，则无须更改默认设置。

2. 序列常规设置

在"新建序列"对话框中选择"设置"选项卡，在该选项卡中可以设置序列的常规参数，如图2-64所示。

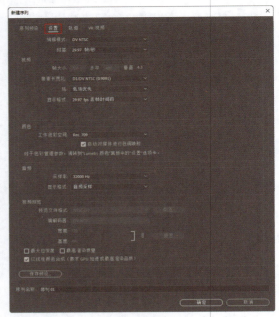

图2-64

● **编辑模式**：用于设置"时间轴"面板的播放方法和压缩设置。选择DV预设，编辑模式将自动设置为DV NTSC或DV PAL；如果不想使用某种预设，那么可以从"编辑模式"下拉列表中选择一种编辑模式，选项如图2-65所示。

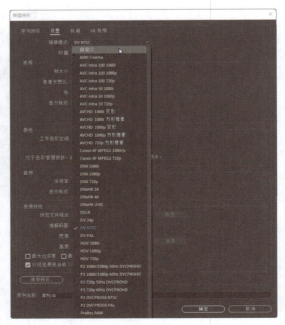

图2-65

● **时基**：时间基准。在计算编辑精度时，"时基"值决定了Premiere如何划分每秒的视频帧。

● **帧大小**：项目的帧大小是其以像素为单位的宽度和高度，第一个数值代表画面宽度，第二个数值代表画面高度，如果选择了DV预设，则画面大小设置为DV默认值（720像素×480像素）。

● **像素长宽比**：本参数可以匹配图像像素的形状（即图像中一个像素的宽度与高度的比值），如图2-66所示。

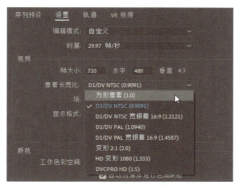

图2-66

● **场**：正在进行的项目将要导出到录像带中时，会用到场。

● **采样率**：音频采样率决定了音频品质。采样率越高，得到的音质就越好。

● **视频预览**：用于指定使用Premiere时如何预览视频。

3. 序列轨道设置

在"新建序列"对话框中选择"轨道"选项卡，在该选项卡中可以设置"时间轴"面板中的视频和音频轨道数量，如图2-67所示。在"视频"选项组中，可以重新对序列的视频轨道数量进行设置；在"音频"选项组的"混合"下拉列表中，可以选择主音轨的类型，如图2-68所示。

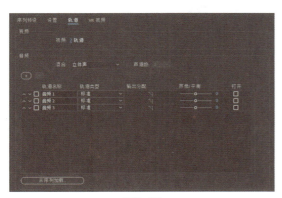

图2-67

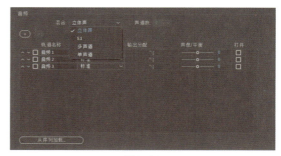

图2-68

2.2.4 在序列中添加素材

在"项目"面板中导入素材后，就可以将素材添加到"时间轴"面板中进行编辑，还可以在"节目"监视器面板中对素材效果进行预览。

将素材添加到"时间轴"面板中的方法如下。

● 选择"项目"面板中的素材，然后将其从"项目"面板拖曳到"时间轴"面板的轨道中，即可将素材添加到"时间轴"面板中。

● 选择"项目"面板中的素材，单击鼠标右键，在弹出的快捷菜单中选择"插入"命令，可以将素材插入时间指示器所在的目标轨道中，时间指示器右侧的素材会向右移。

● 选择"项目"面板中的素材，单击鼠标右键，在弹出的快捷菜单中选择"覆盖"命令，可以将素材插入时间指示器所在的目标轨道中，时间指示器右侧的素材会被刚插入的素材替换。

● 双击"项目"面板中的素材，在"源"监视器面板中将其打开，设置好其入点和出点后，单击"源"监视器面板中的"插入"按钮或"覆盖"按钮，将素材添加到"时间轴"面板中。

💡 **小提示**

在"时间轴"面板中单击"在时间轴中对齐"按钮，使其处于开启状态。在添加素材时，素材入点可以自动对齐到时间指示器所在的位置，如图2-69所示。

图2-69

2.2.5 添加轨道

选择"序列>添加轨道"命令，或者在"时间轴"面板中的轨道名称处单击鼠标右键，在弹出的快捷菜单中选择"添加轨道"命令，如图2-70所示。在打开的"添加轨道"对话框中选择要创建的轨道类型和轨道的放置位置，如图2-71所示。单击"确定"按钮 确定 ，即可添加指定的轨道，如图2-72所示。

图2-70

图2-71

图2-72

2.2.6 删除轨道

选择"序列>删除轨道"命令，或者在"时间轴"面板中的轨道名称处单击鼠标右键，在弹出的快捷菜单中选择"删除轨道"命令，打开"删除轨道"对话框，在该对话框中可以选择删除视

频轨道、音频轨道和音频子混合轨道，如图2-73所示。在删除轨道的下拉列表中可以选择要删除的轨道，如图2-74所示。

图2-73

图2-74

2.2.7 锁定与解锁轨道

锁定轨道可以避免编辑其他轨道时影响该轨道，当需要对已锁定的轨道进行操作时，可以将其解锁。选择需要锁定的轨道，然后单击轨道前方的"切换轨道锁定"按钮 🔓 ，即可锁定该轨道。在锁定状态下，"切换轨道锁定"按钮会变成 🔒 ，轨道上将出现斜线图案，表示该轨道无法进行任何操作，如图2-75所示。

图2-75

2.2.8 关闭和打开序列

创建序列后，序列会自动在"时间轴"面板

中打开，并在"项目"面板中生成序列项目。在"时间轴"面板中单击序列名称前的"关闭"按钮 ，可以将"时间轴"面板中的序列关闭。双击"项目"面板中的序列项目，可以在"时间轴"面板中重新打开该序列。

通过对本章的学习，读者可运用已掌握的知识完成课后习题，创建"神奇的倒放.mp4"和"风景欣赏.mp4"影片。

课后习题：神奇的倒放

效果文件位置	源文件>CH02>习题01	
素材文件位置	源文件>CH02>习题01	神奇的倒放
技术掌握	创建项目，导入素材和编辑素材	

通过视频倒放，可以得到意想不到的效果，本习题将通过对视频进行倒放编辑，创建隔空取物的效果，如图2-76所示。

图2-76

（1）启动Premiere应用程序，新建一个名为"神奇的倒放"的项目，如图2-77所示。

图2-77

（2）选择"文件>导入"命令，打开"导入"对话框，选择"视频01.mp4"素材，然后单击"打开"按钮 打开(O)，如图2-78所示。将"视频01.mp4"素材导入"项目"面板中，如图2-79所示。

图2-78

图2-79

（3）在"项目"面板中选中导入的素材，选择"剪辑>速度/持续时间"命令，在打开的"剪辑速度/持续时间"对话框中设置"速度"值为80%，勾选"倒放速度"复选框，如图2-80所示。

图2-80

（4）单击"确定"按钮 确定，即可对视频进行倒放。将素材添加到"时间轴"面板中，然后在"节目"监视器面板中可以预览视频的倒放效果，如图2-81所示。

图2-81

课后习题：风景欣赏

效果文件位置	源文件>CH02>习题02
素材文件位置	源文件>CH02>习题02
技术掌握	在"时间轴"面板中合成影片

本习题将练习在"项目"面板中导入素材，并将其添加到"时间轴"面板中进行合成编辑，效果如图2-82所示。

图2-82

（1）启动Premiere应用程序，新建一个名为"风景欣赏"的项目，如图2-83所示。

图2-83

（2）选择"文件>导入"命令，打开"导入"对话框，选择"图片01.mp4"～"图片06.mp4"素材，然后单击"打开"按钮 打开(O)，如图2-84所示。将选择的素材导入"项目"面板中，如图2-85所示。

图2-84

图2-85

（3）选择"文件>新建>序列"命令，打开"新建序列"对话框，在该对话框中选择序列预设，然后单击"确定"按钮 确定，如图2-86所示。

（4）将"项目"面板中的各个素材依次拖曳到"时间轴"面板的V1轨道中，如图2-87所示。

（5）在"时间轴"面板中选中所有素材，单击鼠标右键，在弹出的快捷菜单中选择"缩放为帧大小"命令，如图2-88所示。

（6）在"节目"监视器面板中单击"播放-停止切换"按钮 ▶，可以预览素材合成后的效果，如图2-89所示。

图2-86

图2-88

图2-89

图2-87

第3章 视频编辑技术

本章导读

第2章介绍了 Premiere 视频合成基础，如果要进行精确编辑，还需要使用 Premiere 更强大的编辑功能。本章将介绍视频编辑技术，讲解在监视器面板和"时间轴"面板中编辑素材的方法。

本章学习要点

- 在监视器面板中编辑素材
- 在"时间轴"面板中编辑素材

3.1 在监视器面板中编辑素材

在编辑视频的过程中，通常需要打开"源"监视器面板和"节目"监视器面板对源素材和节目素材的效果进行预览。用户还可以在"源"监视器面板中设置源素材的入点和出点，将所需片段添加到"时间轴"面板中进行编辑。

3.1.1 课堂案例：唯美夜色

效果文件位置	源文件>CH03>唯美夜色	
素材文件位置	源文件>CH03>唯美夜色	唯美夜色
技术掌握	在"源"监视器面板中浏览源素材，设置源素材的入点和出点	

在将素材放置在视频序列中之前，可以使用"源"监视器面板编辑这些素材。本例将使用"源"监视器面板编辑夜景素材，选取所需的片段，组合成新的影片，效果如图3-1所示。

图3-1

（1）启动Premiere Pro 2024应用程序，新建一个名为"唯美夜色"的项目，如图3-2所示。

（2）选择"文件>导入"命令，打开"导入"对话框，在其中选择需要的素材，然后单击"打开"按钮 打开(O)，如图3-3所示。将选择的素材导入"项目"面板中，如图3-4所示。

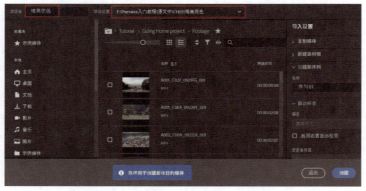

图3-2

图3-3

图3-4

（3）在"项目"面板中双击导入的"夜景01.mp4"素材，"源"监视器面板中将显示该素材，如图3-5所示。

图3-5

（4）将时间指示器移动到需要设置为入点的位置，在"源"监视器面板中单击"标记入点"按钮 ，即可在该位置为素材设置入点，如图3-6所示。将时间指示器从入点移开，可看到

入点处的左花括号标记，如图3-7所示。

图3-6

图3-7

（5）将时间指示器移动到需要设置为出点的位置，然后在"源"监视器面板中单击"标记出点"按钮 ，即可为素材设置出点，如图3-8所示。将时间指示器从出点移开，可看到出点处的右花括号标记，如图3-9所示。

图3-8

图3-9

图3-11

图3-12

（6）双击"项目"面板中的"夜景02.mp4"
素材，然后在"源"监视器面板中设置其入点和
出点，如图3-10所示。

图3-10

（7）双击"项目"面板中的"夜景03.mp4"
素材，然后在"源"监视器面板中设置其入点和
出点，如图3-11所示。

（8）双击"项目"面板中的"夜景04.mp4"
素材，然后在"源"监视器面板中设置其入点和
出点，如图3-12所示。

（9）选择"文件>新建>序列"命令，打开"新
建序列"对话框，新建一个序列，如图3-13所示。

图3-13

（10）将设置好入点和出点的视频素材依次拖曳到"时间轴"面板的V1轨道中，如图3-14所示。

图3-14

（11）在"节目"监视器面板中单击"播放-停止切换"按钮▶，可以预览编辑后的视频效果，如图3-15所示。

图3-15

3.1.2 监视器面板

"源"监视器面板和"节目"监视器面板不仅可以在编辑视频时预览作品，还可以用于精确编辑素材。在"项目"面板中双击素材，即可在"源"监视器面板中显示该素材的效果，如图3-16所示。将素材拖曳到"时间轴"面板的序列中，可以在"节目"监视器面板中显示序列中的素材效果，如图3-17所示。

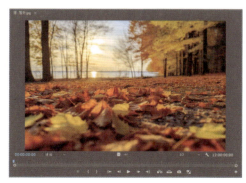

图3-16

图3-17

3.1.3 安全区域

"源"监视器面板和"节目"监视器面板都支持查看安全区域。监视器面板的安全边距用于显示动作和字幕等所在的安全区域。导出视频后，安全区域内的字幕或动作等不会缺失，安全区域外的这些内容有可能会缺失。

在"源"监视器面板中单击鼠标右键，在弹出的快捷菜单中选择"安全边距"命令，如图3-18所示。安全边距的内部框是字幕安全区域，外部框是动作安全区域，如图3-19所示。

图3-18

图3-19

3.1.4 切换素材

"源"监视器面板标题显示了素材名称。如果"源"监视器面板中有多个素材，可以在"源"监视器面板中单击标题后面的按钮，在弹出的列表中选择素材名称进行切换，如图3-20所示。切换时选择的素材将会出现在"源"监视器面板中，如图3-21所示。

图3-20

图3-21

3.1.5 编辑素材

想要将素材的某一部分拖曳到"时间轴"面板的视频序列中时，可以先在"源"监视器面板中设置素材的入点和出点，从而节省在"时间轴"面板中编辑素材的时间。

将时间指示器移动到需要设置为入点的位置，选择"标记>标记入点"命令，或者在"源"监视器面板中单击"标记入点"按钮，即可为素材设置入点，如图3-22所示。移开时间指示器，可以看到入点处的左花括号标记，如图3-23所示。

将时间指示器移动到需要设置为出点的位置，然后选择"标记>标记出点"命令，或者在

"源"监视器面板中单击"标记出点"按钮，即可为素材设置出点，如图3-24所示。移开时间指示器，可以看到出点处的右花括号标记，如图3-25所示。

图3-22

图3-23

图3-24

图3-25

单击"源"监视器面板右下方的"按钮编辑器"按钮█，在弹出的"按钮编辑器"对话框中将"从入点到出点播放视频"按钮▐▌拖曳到"源"监视器面板下方的按钮区域，如图3-26所示。在"源"监视器面板中单击已添加的"从入点到出点播放视频"按钮▐▌，可以在"源"监视器面板中预览入点和出点之间的素材片段，如图3-27所示。

图3-26

图3-27

3.1.6　素材标记

如果想快速转到素材中的某个特定帧，可以为该帧设置一个标记。在"源"监视器面板或"时间轴"面板中，标记显示为█。

将时间指示器移动到需要添加标记的位置，选择"标记>添加标记"命令，或在"源"监视器面板中单击"添加标记"按钮█，即可在该位置添加一个标记，标记会出现在时间标尺上方，如图3-28所示。单击"源"监视器面板右下方的"按钮编辑器"按钮█，在弹出的"按

钮编辑器"对话框中可以将"转到上一标记"按钮█◀和"转到下一标记"按钮▶█添加到"源"监视器面板下方的按钮区域，如图3-29所示。

图3-28

图3-29

当创建了多个标记后，可以执行以下操作。

● 选择"标记>转到上一标记"命令，或在"源"监视器面板中单击"转到上一标记"按钮█◀，即可将时间指示器移动到上一个标记位置。

● 选择"标记>转到下一标记"命令，或在"源"监视器面板中单击"转到下一标记"按钮▶█，即可将时间指示器移动到下一个标记位置。

● 选择"标记>清除所选标记"命令，可以清除时间指示器所在位置的标记。

● 选择"标记>清除所有标记"命令，可以清除所有的标记。

● 选择"标记>清除入点"命令，可以清除已设置的入点。

● 选择"标记>清除出点"命令，可以清除已设置的出点。

● 选择"标记>清除入点和出点"命令，可以清除已设置的入点和出点。

3.2 在"时间轴"面板中编辑素材

"时间轴"面板是Premiere用于编辑序列的区域，用户可以在"时间轴"面板中对序列中的素材进行编辑。在进行素材编辑前，首先需要掌握Premiere的工具。

3.2.1 课堂案例：生日庆典

效果文件位置	源文件>CH03>生日庆典
素材文件位置	源文件>CH03>生日庆典
技术掌握	在"时间轴"面板中对序列中的素材进行编辑

本例将通过制作"生日庆典.mp4"视频，介绍视频编辑的相关操作。在Premiere中进行视频编辑，主要是通过一系列工具在"时间轴"面板中对素材进行编辑，包括修改素材、设置素材的入点和出点、移动素材等。本例的最终效果如图3-30所示。

图3-30

（1）启动Premiere Pro 2024应用程序，新建一个名为"生日庆典"的项目，如图3-31所示。然后在"项目"面板中导入素材，如图3-32所示。

图3-31

图3-32

（2）选择"文件>新建>颜色遮罩"命令，打开"新建颜色遮罩"对话框，设置颜色遮罩的宽度和高度，然后单击"确定"按钮 确定 ，如图3-33所示。

图3-33

（3）在打开的"拾色器"对话框中设置颜色遮罩的颜色为白色，如图3-34所示。单击"确定"按钮 确定 后，即可在"项目"面板中创建一个"颜色遮罩"素材，如图3-35所示。

图3-34

图3-35

（4）选择"文件>新建>序列"命令，打开"新建序列"对话框，选择"设置"选项卡，设置"编辑模式"和"帧大小"，如图3-36所示。

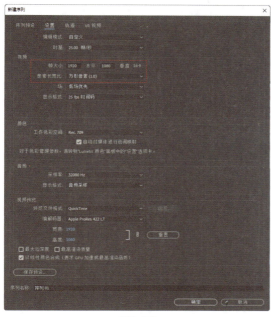

图3-36

（5）将"项目"面板中的"生日祝福背景.mp4"素材添加到"时间轴"面板的V2轨道中，其音频将自动添加到A2轨道中，如图3-37所示。

图3-37

 小提示

将带有音频的视频素材添加到"时间轴"面板中时，音频将自动添加到视频轨道对应的音频轨道中。例如，将视频素材添加到V1轨道中时，对应的音频素材将添加到A1轨道中；将视频素材添加到V2轨道中时，对应的音频素材将添加到A2轨道中。

（6）将"生日快乐.png"素材添加到"时间轴"面板的V3轨道中，并在第6秒的位置设置该素材的出点，如图3-38所示。

图3-38

（7）在"节目"监视器面板中单击"播放-停止切换"按钮，可以预览影片的效果，如图3-39所示。

图3-39

（8）打开"效果"面板，依次展开"视频过渡>擦除"素材箱，然后选择"时钟式擦除"过渡效果，如图3-40所示。

图3-40

（9）将"时钟式擦除"过渡效果添加到V3轨道中的素材入点处，如图3-41所示。

图3-41

（10）选择V3轨道中的"生日快乐.png"素
材，然后切换到"效果控件"面板中，在第0秒
的位置为"缩放"选项添加一个关键帧，并设置
"缩放"值为70，如图3-42所示。

图3-42

（11）将时间指示器移动到第1秒，然后为
"缩放"和"旋转"选项各添加一个关键帧，
并设置"缩放"值为100、"旋转"值为0°，如
图3-43所示。

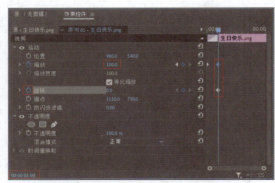

图3-43

（12）将时间指示器移到第2秒，然后为"旋
转"选项添加一个关键帧，并设置"旋转"值为
15°，如图3-44所示。

（13）将时间指示器移到第3秒，为"旋
转"选项添加一个关键帧，并设置"旋转"值
为-15°，如图3-45所示。

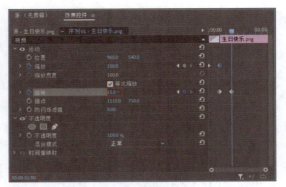

图3-44

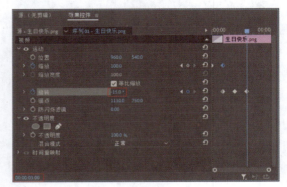

图3-45

（14）继续在第4秒、第5秒和第6秒的位置
为"旋转"选项各添加一个关键帧，并依次设置
"旋转"值为15°、-15°和0°，为第6秒的位置
添加的关键帧进行的设置如图3-46所示。

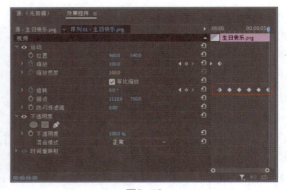

图3-46

（15）在"时间轴"面板的V3轨道中"生日
快乐.png"素材的效果图标 *fx* 处单击鼠标右键，
在弹出的快捷菜单中选择"不透明度>不透明
度"命令，如图3-47所示。

（16）展开V3轨道，将时间指示器移到第5
秒，然后单击"时间轴"面板中的"添加-移除
关键帧"按钮 ，在此位置为素材添加一个不
透明度关键帧，如图3-48所示。

图3-47

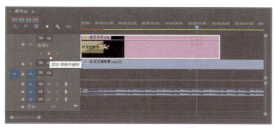

图3-48

（17）将时间指示器移到第6秒，然后单击"时间轴"面板中的"添加-移除关键帧"按钮 ，在此位置为素材添加一个不透明度关键帧，如图3-49所示。

图3-49

（18）向下拖曳第6秒处的不透明度关键帧，设置其"不透明度"值为0%，如图3-50所示。

图3-50

（19）在"节目"监视器面板中单击"播放-停止切换"按钮 ，对本例编辑的影片进行播放，预览效果如图3-51所示。

（20）依次将颜色遮罩和生日图片素材添加到V1轨道中，在第6秒的位置设置颜色遮罩的出点，如图3-52所示。

图3-51

图3-52

（21）在"效果"面板中依次展开"视频效果>键控"素材箱，然后选择"颜色键"效果，如图3-53所示。

图3-53

（22）将"颜色键"效果添加到V2轨道中的"生日祝福背景.mp4"素材上，然后切换到"效果控件"面板中，单击"颜色键"选项组中的"吸管工具"按钮 ，如图3-54所示。

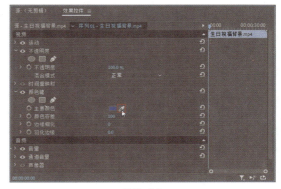

图3-54

（23）在"节目"监视器面板中单击绿色作为要抠除的颜色，如图3-55所示。抠除绿色后的效果如图3-56所示。

图3-55

图3-56

（24）在"效果"面板中选择"时钟式擦除"过渡效果，然后将其依次添加到V1轨道中各个生日图片素材的入点处，如图3-57所示。

图3-57

（25）选择"工具"面板中的剃刀工具，在"生日04.jpg"素材的出点处对"生日祝福背景.mp4"素材进行切割，如图3-58所示。

图3-58

（26）对素材进行切割后，将出点后面的素材删除，如图3-59所示。

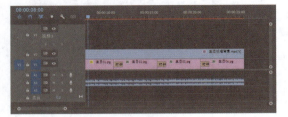

图3-59

（27）展开V2轨道，分别在第0秒、第1秒、第25秒和第25秒24帧的位置单击"添加-删除关键帧"按钮，为素材添加4个关键帧，如图3-60所示。

图3-60

（28）向下拖曳第0秒和第25秒24帧处的关键帧，设置该帧的"不透明度"值为0%，如图3-61所示。

图3-61

（29）展开V1轨道，在第25秒和第25秒24帧的位置为最后一个生日图片素材添加2个关键帧，并将最后一个关键帧向下拖曳，设置该帧的"不透明度"值为0%，如图3-62所示。

图3-62

（30）展开A2轨道，在第24秒和第25秒24帧的位置为音频素材添加2个关键帧，如图3-63所示。

图3-63

（31）向下拖曳第25秒24帧处的关键帧，将该帧的音频音量调整到最低，如图3-64所示。

图3-64

（32）在"节目"监视器面板中单击"播放-停止切换"按钮▶，对本例编辑的影片进行预览，效果如图3-65所示。

图3-65

3.2.2　Premiere的工具

合理使用"工具"面板中的工具，可以快速编辑素材。Premiere的工具如图3-66所示。

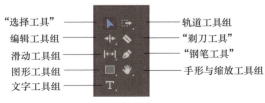

图3-66

1. "选择工具"

"选择工具"在视频编辑中是最常用的工具之一，可以对素材进行选择、移动，如图3-67和图3-68所示。"选择工具"还可以调节素材的关键帧、入点和出点。

图3-67

图3-68

2. 编辑工具组

在"波纹编辑工具"按钮↔上按住鼠标左键，可以展开编辑工具组，其中包含"波纹编辑工具""滚动编辑工具""比率拉伸工具""重新混合工具"，如图3-69所示。

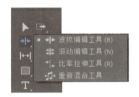

图3-69

（1）"波纹编辑工具"。

单击"工具"面板中的"波纹编辑工具"按钮↔，或按B键选择"波纹编辑工具"，可以编辑一个素材的入点和出点，而不影响相邻的素材。例如在调整前一个素材的出点时，下一个素材会同步向左或向右移动，但内容不会发生变化。通过调整素材的入点和出点，可以改变整个序列的持续时间。

将鼠标指针移动到目标素材的出点处，当鼠标指针变为图标时，按住鼠标左键并向左拖曳，可以缩短素材的持续时间，如图3-70所示。改变第一个素材的出点后，相邻素材将向左移动，整个序列的持续时间也发生改变，如图3-71所示。

图3-70

图3-73

图3-71

（2）"滚动编辑工具"。

在"时间轴"面板中，可以单击"滚动编辑工具"按钮，然后按住鼠标左键并拖曳一个素材的边缘，修改素材的入点或出点。当按住鼠标左键并拖曳边缘时，下一个素材的持续时间会根据前一个素材的变化自动进行调整。

将设置了入点和出点的两个素材依次拖曳到"时间轴"面板的V1轨道中，并使它们连接在一起。单击"工具"面板中的"滚动编辑工具"按钮，或按N键选择"滚动编辑工具"，然后将鼠标指针移动到两个素材的衔接处，当鼠标指针变为图标时，按住鼠标左键并左右拖曳即可调整前一个素材的出点和后一个素材的入点。

向右拖曳，会将前一个素材的出点延后，同时将后一个素材的入点延后，整个序列的持续时间不变，如图3-72和图3-73所示。

图3-74

图3-75

（3）"比率拉伸工具"。

"比率拉伸工具"可以对素材的播放速度进行相应调整，从而达到改变素材的持续时间的目的。

（4）"重新混合工具"。

使用"重新混合工具"时，Premiere会读取当前音频每个节拍的一些特质，进行分析、比较，再重新混合，从而创建连贯且无缝衔接的混合音频。

3. 滑动工具组

滑动工具组中包含"外滑工具"和"内滑工具"。

（1）"外滑工具"。

使用"外滑工具"可以改变夹在另外两个素材之间的某个素材的入点和出点，而且保持中间素材的原有持续时间不变。按住鼠标左键并拖曳素材时，该素材左右两边的素材不会改变，序列的持续时间也不会改变。

单击"工具"面板中的"外滑工具"按钮，或按Y键选择"外滑工具"，然后按住鼠标左键并拖曳V1轨道中的中间素材，可以改变该素材的入点和出点，如图3-76所示。中间素材

图3-72

向左拖曳，会将前一个素材的出点提前，同时将后一个素材的入点提前，整个序列的持续时间不变，如图3-74和图3-75所示。

的入点和出点发生了变化，而整个序列的持续时间没有改变，如图3-77所示。

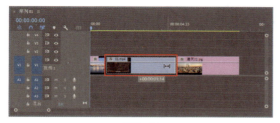

图3-76

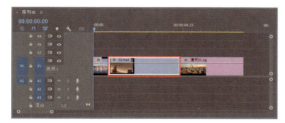

图3-77

（2）"内滑工具"。

与"外滑工具"类似，"内滑工具"也被用于编辑序列中位于两个素材之间的某个素材。不过在使用"内滑工具"进行拖曳的过程中，会保持中间素材的入点和出点不变，而改变相邻素材的持续时间。

滑动编辑素材的出点和入点时，向右拖曳会将前一个素材的出点延后，同时将后一个素材的入点延后。向左拖曳会将前一个素材的出点提前，同时将后一个素材的入点提前，而整个序列的持续时间没有改变。

在"外滑工具"按钮 ![←→] 上按住鼠标左键，可以展开滑动工具组，选择"内滑工具"，或按U键选择"内滑工具"。然后按住鼠标左键并拖曳位于两个素材之间的素材，调整两边素材的入点和出点。向左拖曳可以缩短前一个素材的持续时间并加长后一个素材的持续时间，如图3-78所示。向右拖曳可以加长前一个素材的持续时间并缩短后一个素材的持续时间，如图3-79所示。

图3-78

图3-79

4."钢笔工具"

使用"钢笔工具"可以在"节目"监视器面板中绘制图形，如图3-80所示。绘制图形后，会在"时间轴"面板的空轨道中自动生成图形素材，如图3-81所示。

图3-80

图3-81

5.图形工具组

图形工具组中包含"矩形工具""椭圆工具""多边形工具"。

（1）"矩形工具"。

在"工具"面板中单击"矩形工具"按钮 ![□]，可以在"节目"监视器面板中绘制矩形，并在"时间轴"面板的空轨道中自动生成图形素材，如图3-82所示。

（2）"椭圆工具"。

在"矩形工具"按钮 ![□] 上按住鼠标左键，可以展开图形工具组，选择"椭圆工具"，可以在"节目"监视器面板中绘制椭圆形，并在"时间轴"面板的空轨道中自动生成图形素材，如图3-83所示。

图3-82

图3-83

（3）"多边形工具"。

在"矩形工具"按钮▢上按住鼠标左键，同样可以展开图形工具组，选择"多边形工具"，可以在"节目"监视器面板中绘制多边形，并在"时间轴"面板的空轨道中自动生成图形素材，如图3-84所示。

图3-84

6. 文字工具组

文字工具组中包含"文字工具"和"垂直文字工具"。"文字工具"用于创建横排文字，"垂直文字工具"用于创建竖排文字。

7. 其他工具

除了前面介绍的工具外，"工具"面板中还包括轨道工具组、"剃刀工具"、手形与缩放工具组。

• **"向前选择轨道工具"**：选择该工具，在某一轨道中单击，可以选择该轨道中单击位置的素材及其右侧的所有素材。

• **"向后选择轨道工具"**：选择该工具，在某一轨道中单击，可以选择该轨道中单击位置的素材及其左侧的所有素材。

• **"剃刀工具"**：用于分割素材。单击"剃刀工具"按钮◈后单击素材，每次单击会将素材分为两段，每段素材将产生新的入点和出点。

• **"手形工具"**：用于改变"时间轴"面板

中的可视区域，有助于编辑一些持续时间较长的素材。

• **"缩放工具"**：在"手形工具"按钮🖐上按住鼠标左键，可以展开手形与缩放工具组，选择"缩放工具"。该工具用来调整"时间轴"面板中时间标尺的显示比例。按住Alt键，该工具可以变为缩小模式；松开Alt键，该工具即可恢复为放大模式。

3.2.3 选择和移动素材

将素材放置在"时间轴"面板中后，可能需要重新排列素材的位置。用户可以选择一次移动单个素材，或者一次移动多个素材，还可以单独移动某个素材的视频部分或音频部分。

1. 使用"选择工具"

在"时间轴"面板中移动单个素材时，较简单的方法是单击"工具"面板中的"选择工具"按钮▶，然后按住鼠标左键并拖曳素材。使用"选择工具"可以进行以下操作。

• 单击素材，可以将其选中。拖曳素材，可以移动素材文件位置。

• 在按住Shift键的同时单击想要选择的多个素材，或者通过框选的方式，选择多个素材。

• 如果只想选择素材的视频部分，或者只想选择素材的音频部分，可以在按住Alt键的同时单击素材的视频部分或音频部分。

2. 使用轨道选择工具

如果想快速选择某个轨道中的多个素材，或者从某个轨道中删除一些素材，可以使用"工具"面板中的"向前选择轨道工具"按钮▶▶或"向后选择轨道工具"按钮◀◀进行选择。

单击"向前选择轨道工具"按钮▶▶后，单击轨道中的素材，可以选择被单击的素材及该素材右侧的所有素材，如图3-85所示。单击"向后选择轨道工具"按钮◀◀后，单击轨道中的素材，可以选择被单击的素材及该素材左侧的所有素材，如图3-86所示。

图3-85

图3-86

3.2.4 删除素材间隙

在视频编辑过程中，有时会在素材间留有间隙。在素材间的间隙处单击鼠标右键，在弹出的快捷菜单中选择"波纹删除"命令，如图3-87所示。将素材间的间隙删除后的效果如图3-88所示。

图3-87

图3-88

3.2.5 修改素材的入点和出点

在"时间轴"面板中设置素材的入点和出点，可以改变素材输出为影片后的持续时间。选择"时间轴"面板中的素材后，可以通过"选择工具"或"剃刀工具"为素材设置入点和出点。

1. 快速调整素材的入点和出点

使用"选择工具"可以快速调整素材的入点和出点。单击"工具"面板中的"选择工具"按钮，将鼠标指针移动到"时间轴"面板中素材的左边缘（即初始入点），鼠标指针将变为图标，如图3-89所示。按住鼠标左键并向右拖曳到想作为素材入点的位置，即可设置素材的新入点。在拖曳素材左边缘时，时间码会显示在该素材下方，松开鼠标左键，即可在"时间轴"面板

中重新设置素材的入点，如图3-90所示。

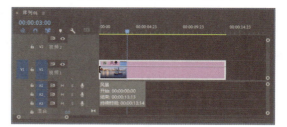

图3-89

图3-90

将鼠标指针移动到"时间轴"面板中素材的右边缘（即初始出点），此时鼠标指针变为图标。按住鼠标左键并向左拖曳到想作为素材出点的位置，即可设置素材的新出点，如图3-91所示。松开鼠标左键，即可在"时间轴"面板中重新设置素材的出点，如图3-92所示。

图3-91

图3-92

💡 小提示

在"时间轴"面板中修改素材的入点和出点后，并不会影响"项目"面板中源素材的入点和出点。

2. 切割素材

单击"工具"面板中的"剃刀工具"按钮 ，可以将素材切割成两段，从而快速设置素材的入点和出点，并且可以将不需要的部分删除。将时间指示器移动到想要切割素材的位置，如图3-93所示。在"工具"面板中单击"剃刀工具"按钮 ，然后在素材上的时间指示器标明的位置处单击，即可切割素材，效果如图3-94所示。

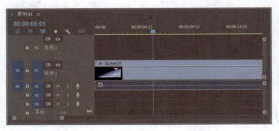

图3-93

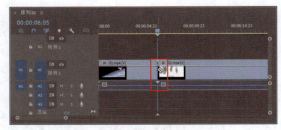

图3-94

在"工具"面板中单击"选择工具"按钮 ，然后在"时间轴"面板中选择切割后的其中一部分素材并按Delete键，即可将选择的部分删除，如图3-95所示。

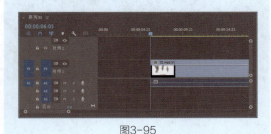

图3-95

3.2.6　设置序列的入点和出点

将时间指示器拖曳到要设置为序列入点的位置，选择"标记>标记入点"命令，时间标尺的

相应位置会出现一个"入点"图标 ，如图3-96所示。将时间指示器拖曳到要设置为序列出点的位置，选择"标记>标记出点"命令，时间标尺的相应位置会出现一个"出点"图标 ，如图3-97所示。在渲染和输出项目时，将渲染序列入点到出点间的内容。

图3-96

图3-97

3.2.7　设置关键帧

在"时间轴"面板中通过设置关键帧，可以调整视频素材的不透明度和音频素材的音量。

1. 添加或删除关键帧

在"时间轴"面板中拖曳轨道下边缘，拓宽轨道，可以显示关键帧控件。然后在轨道的关键帧控件处单击其中的按钮，可以执行相应的操作。

- 选择要添加关键帧的素材，然后将时间指示器移动到想要关键帧出现的位置，单击"添加-移除关键帧"按钮 即可添加关键帧。
- 选择要删除关键帧的素材，然后将时间指示器移动到要删除的关键帧位置，单击"添加-移除关键帧"按钮 即可删除关键帧。
- 单击"转到上一关键帧"按钮 ，可以将时间指示器移动到上一个关键帧位置。
- 单击"转到下一关键帧"按钮 ，可以将时间指示器移动到下一个关键帧位置。

2. 移动关键帧

在轨道中选择关键帧，然后拖曳关键帧，可以移动关键帧。

3.3 课后习题

运用已掌握的知识完成课后习题，通过创建"移花接木.mp4"和"古风建筑.mp4"视频，巩固在监视器面板和"时间轴"面板中编辑素材的相关知识。

课后习题：移花接木

效果文件位置	源文件>CH03>习题01
素材文件位置	源文件>CH03>习题01
技术掌握	在"时间轴"面板中编辑素材

移花接木

本习题将在"时间轴"面板中对素材进行编辑，将两个视频片段组合在一起，形成一段新的视频。本习题效果如图3-98所示。

图3-98

（1）新建一个名为"移花接木"的项目，然后导入素材，如图3-99所示。

图3-99

（2）新建一个"合成"序列，将"项目"面板中的"室内.mp4"素材添加到"时间轴"面板的V1轨道中，将"室外.mp4"素材添加到V2轨道中，如图3-100所示。

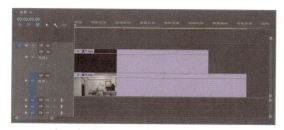

图3-100

（3）单击V2轨道前面的"切换轨道输出"按钮 ，不显示该轨道中的素材，如图3-101所示。然后移动时间指示器，在"节目"监视器面板中对V1轨道中的素材进行预览，如图3-102所示。

图3-101

图3-102

（4）再次单击V2轨道前面的"切换轨道输出"按钮 ，显示该轨道中的素材。然后拖曳V2轨道中的素材，将其入点设置在第5秒的位置，如图3-103所示。

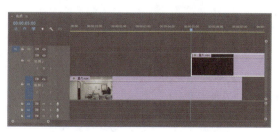

图3-103

（5）在"节目"监视器面板中单击"播放-停止切换"按钮 ，对本例的影片进行预览，效果如图3-104所示。

图3-104

课后习题：古风建筑

效果文件位置	源文件>CH03>习题02
素材文件位置	源文件>CH03>习题02
技术掌握	在"源"监视器面板中设置素材的入点和出点

古风建筑

本习题将在"源"监视器面板中修整"古风建筑"素材，选取所需的视频片段，组合成新的影片，效果如图3-105所示。

图3-105

（1）新建一个名为"古风建筑"的项目，将需要的素材导入"项目"面板中，如图3-106所示。

图3-106

（2）在"项目"面板中双击各个素材，"源"监视器面板中将显示相应的素材，然后设置各个素材的入点和出点，如图3-107~图3-110所示。

图3-107

图3-108

图3-109

图3-110

图3-111

（3）新建一个序列，将设置好入点和出点的视频素材依次拖曳到"时间轴"面板的V1轨道中进行编排，如图3-111所示。

（4）在"节目"监视器面板中单击"播放-停止切换"按钮 ▶，可以预览视频的合成效果，如图3-112所示。

图3-112

第4章 添加运动效果

本章导读

在 Premiere 中可以为素材添加运动效果。在"效果控件"面板中展开"运动"选项组，可以通过添加关键帧，设置素材的"位置""旋转""缩放"等参数，移动、旋转和缩放素材，从而实现运动的效果。本章主要讲解关键帧动画基础和视频运动参数。

本章学习要点

● 关键帧动画基础   ● 视频运动参数

4.1 关键帧动画基础

本节将要介绍的在Premiere中制作的动画，是建立在关键帧的基础上的。

4.1.1 课堂案例：快闪片头

效果文件位置	源文件>CH04>快闪片头	
素材文件位置	源文件>CH04>快闪片头	快闪片头
技术掌握	关键帧的设置	

本例将通过设置关键帧制作快闪片头，效果如图4-1所示。

图4-1

（1）选择"文件>新建>项目"命令，在出现的"创建项目"面板中设置项目名和项目位置，然后单击"创建"按钮，新建一个项目，如图4-2所示。

图4-2

（2）选择"文件>导入"命令，打开"导入"对话框，选择所需素材，然后单击"打开"按钮，如图4-3所示。将选择的素材导入"项目"面板中，如图4-4所示。

图4-3

图4-4

（3）在"项目"面板中选择所有的图片素材，然后在其中一个素材上单击鼠标右键，在弹出的快捷菜单中选择"速度/持续时间"命令，如图4-5所示。

图4-5

（4）在打开的"剪辑速度/持续时间"对话框中，设置所有素材的持续时间为20帧，如图4-6所示。

图4-6

（5）选择"文件>新建>序列"命令，打开"新建序列"对话框，如图4-7所示。选择"DV-24P>标准32kHz"选项，单击"确定"按钮，创建一个新序列。

图4-7

（6）将"项目"面板中的图片素材依次添加到"时间轴"面板的V1轨道中，如图4-8所示。

图4-8

（7）在"时间轴"面板中选择V1轨道中的"01.jpg"素材，然后打开"效果控件"面板，展开"运动"和"不透明度"选项组，如图4-9所示。

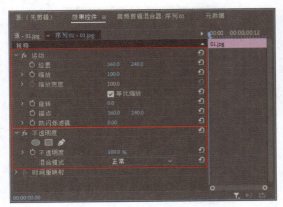

图4-9

（8）在第0秒的位置，单击"缩放"选项前面的"切换动画"按钮，将开启缩放动画功能，同时将在该位置自动为素材添加一个关键帧，然后设置关键帧的"缩放"值为100，如图4-10所示。

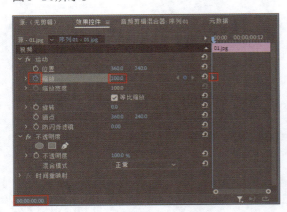

图4-10

（9）将时间指示器移动到第18帧，单击"缩放"选项后面的"添加/移除关键帧"按钮，在该位置为素材添加一个关键帧，设置"缩放"值为200，如图4-11所示。

小提示

　　当"切换动画"按钮处于开启状态时，修改相应选项的值，也可以添加一个关键帧。

图4-11

（10）在"节目"监视器面板中单击"播放-停止切换"按钮▶预览影片，效果如图4-12所示。

图4-12

（11）将时间指示器移动到第0秒，单击"不透明度"选项前面的"切换动画"按钮，将开启不透明度动画功能，同时将在该位置自动为素材添加一个关键帧，然后设置关键帧的"不透明度"值为0%，如图4-13所示。

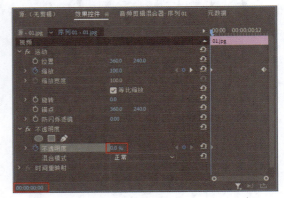

图4-13

（12）将时间指示器移动到第9帧，修改"不透明度"值为100%，并自动在该位置为素材添加一个关键帧，如图4-14所示。

（13）将时间指示器移动到第18帧，修改"不透明度"值为0%，并自动在该位置为素材添加一个关键帧，如图4-15所示。

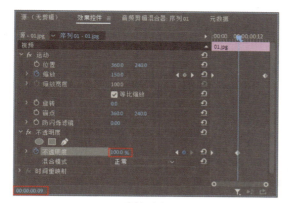

图4-14

图4-15

（14）在"节目"监视器面板中单击"播放-停止切换"按钮▶预览影片的淡入、淡出效果，如图4-16所示。

图4-16

（15）在"时间轴"面板中的"01.jpg"素材上单击鼠标右键，在弹出的快捷菜单中选择"复制"命令，如图4-17所示。

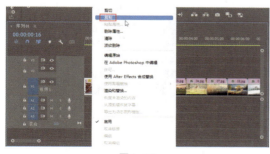

图4-17

（16）在"时间轴"面板中选择其他图片素材，然后在其中一个素材上单击鼠标右键，在弹出的快捷菜单中选择"粘贴属性"命令，如图4-18所示。

图4-18

（17）在打开的"粘贴属性"对话框中设置需要粘贴的属性为"运动"和"不透明度"，然后单击"确定"按钮 确定 ，如图4-19所示。将"01.jpg"素材的运动属性和不透明度属性复制并粘贴到其他素材上，如图4-20所示。

图4-19

图4-20

（18）在"时间轴"面板中将时间指示器移动到最后一个素材的出点处，然后选择所有的图片素材，将其复制一次，如图4-21所示。

图4-21

 小提示

在"时间轴"面板中选择素材后，按Ctrl+C组合键对其进行复制，然后按Ctrl+V组合键对其进行粘贴，即可将选择的素材复制到时间指示器所在的位置。

（19）将时间指示器移动到第10帧，然后将复制的所有素材移动到V2轨道中，如图4-22所示。

图4-22

（20）将时间指示器移动到第0秒，然后将"项目"面板中的"配乐.mp3"素材添加到A1轨道中，如图4-23所示。

图4-23

（21）单击"工具"面板中的"剃刀工具"按钮 ，然后在V2轨道中最后一个图片素材的出点处对音频素材进行切割，如图4-24所示。

图4-24

（22）选择被切割的音频素材的后半部分，然后按Delete键将其删除，如图4-25所示。

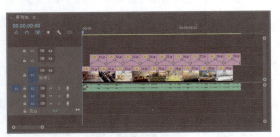

图4-25

（23）展开音频A1轨道，然后在第0秒、第1秒、第7秒和音频素材出点处为音频素材各添加一个关键帧，如图4-26所示。

图4-26

（24）将第0秒和音频素材出点处的关键帧向下拖曳到音频素材最底端，创建声音的淡入、淡出效果，完成本例的制作，如图4-27所示。

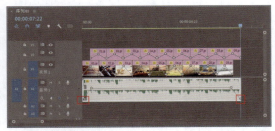

图4-27

（25）将制作好的项目导出为影片，可以使用播放软件对影片进行预览，如图4-28所示。

图4-28

4.1.2 开启动画功能

在"效果控件"面板中单击某种运动选项前面的"切换动画"按钮 ⏱，这样才能将此选项对应的参数变化记录成关键帧。例如，单击"缩放"选项前面的"切换动画"按钮 ⏱，将开启缩放动画功能，如图4-29所示。同时在当前位置会添加一个关键帧，如图4-30所示。

图4-29

图4-30

小提示

开启动画功能后，再次单击"切换动画"按钮 ⏱，将删除相应动画的所有关键帧。单击"效果控件"面板中"运动"选项组右边的"重置参数"按钮 ↺，将清除素材片段上已有的所有运动效果。

4.1.3 设置关键帧

想要使视频素材产生运动效果，需要在素材片段上添加两个或两个以上关键帧，然后设置关键帧参数。设置关键帧的方法包括以下几种。

1. 在"效果控件"面板中添加关键帧

在"效果控件"面板中，可以添加和设置关键帧参数。在"时间轴"面板中选择要添加关键帧的素材片段，并将时间指示器移动到要添加关键帧的位置，然后在"效果控件"面板中单击"添加-移除关键帧"按钮 ◆，即可添加关键帧，如图4-31所示。

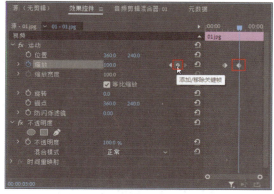

图4-31

2. 移动关键帧

为素材添加关键帧后，如果需要将关键帧移动到其他位置，只需要选中要移动的关键帧，按住鼠标左键并拖曳至合适的位置，然后松开鼠标左键即可，如图4-32所示。

小提示

在"效果控件"面板中选择多个关键帧，可以按住Ctrl或Shift键，依次单击要选择的各个关键帧，或是通过按住鼠标左键并拖曳的方式框选多个关键帧。

图4-32

3. 复制与粘贴关键帧

若要将某个关键帧复制到其他位置，可以在"效果控件"面板中要复制的关键帧上单击鼠标右键，在弹出的快捷菜单中选择"复制"命令，然后将时间指示器移到新位置，再次单击鼠标右键，在弹出的快捷菜单中选择"粘贴"命令，即可完成关键帧的复制与粘贴操作，如图4-33和图4-34所示。

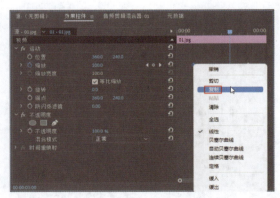

图4-33

图4-34

4. 删除关键帧

选中关键帧，按Delete键即可删除关键帧。

或者在选中的关键帧上单击鼠标右键，然后在弹出的快捷菜单中选择"清除"命令，将所选关键帧删除。也可以在"效果控件"面板中单击"添加/移除关键帧"按钮 ◯ ，删除所选关键帧。

4.1.4　设置关键帧变化方式

Premiere中的关键帧之间的变化默认为线性变化，如图4-35所示。在关键帧上单击鼠标右键，可以在弹出的快捷菜单中选择变化方式。除了线性变化外，Premiere还提供了贝塞尔曲线、自动贝塞尔曲线、连续贝塞尔曲线、定格、缓入和缓出等多种变化方式，如图4-36所示。

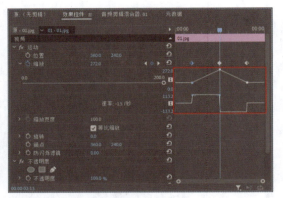

图4-35

图4-36

● 线性：可以在两个关键帧之间实现速度恒定的变化。
● 贝塞尔曲线：可以手动调整关键帧图像的形状，从而创建平滑的变化。
● 自动贝塞尔曲线：可以自动创建速度平稳的变化。
● 连续贝塞尔曲线：可以手动调整关键帧图像的形状，从而创建平滑的变化。

定格：无法逐渐地改变属性值，会使效果快速变化。

缓入：可以使下一个关键帧一开始显示得比较慢，然后慢慢加速。

缓出：可以使上一个关键帧一开始消失得比较慢，然后慢慢加速。

小提示

在"效果控件"面板中用"钢笔工具"调整速度曲线的手柄，可以调整速度曲线的形状。通过调整速度曲线可以改变物体的运动效果。

4.2 视频运动参数

在"效果控件"面板中单击"运动"选项组旁边的展开按钮，展开"运动"选项组，其中包含"位置""缩放""缩放宽度""旋转""锚点""防闪烁滤镜"等选项。单击各选项前的展开按钮，展开该选项的具体参数，即可进行相关参数的设置。

4.2.1 课堂案例：火焰足球

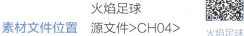

效果文件位置	源文件>CH04>火焰足球	
素材文件位置	源文件>CH04>火焰足球	火焰足球
技术掌握	运动效果的添加与设置	

本例将在"效果控件"面板的"运动"选项组中设置素材的"位置""缩放""旋转"参数，配合关键帧的应用，制作素材由近到远的运动效果，如图4-37所示。

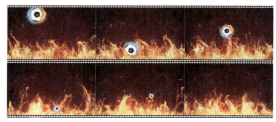

图4-37

（1）选择"文件>新建>项目"命令，在出现的"创建项目"面板中设置项目名和项目位置，然后单击"创建"按钮，新建一个项目文件，如图4-38所示。

图4-38

（2）选择"文件>导入"命令，打开"导入"对话框，选择所需素材，然后单击"打开"按钮，如图4-39所示。将选择的素材导入"项目"面板中，如图4-40所示。

图4-39

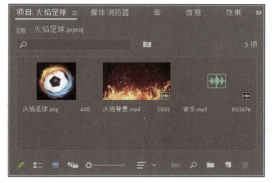

图4-40

（3）选择"文件>新建>序列"命令，打开"新建序列"对话框，选择"DV-24P>标准

32kHz"选项，然后单击"确定"按钮，新建一个序列，如图4-41所示。

图4-41

（4）将"项目"面板中的"火焰背景.mp4"素材添加到"时间轴"面板的V1轨道中，如图4-42所示。

图4-42

（5）在"时间轴"面板中选中"火焰背景.mp4"素材，单击鼠标右键，然后在弹出的快捷菜单中选择"取消链接"命令，如图4-43所示。

图4-43

（6）在"时间轴"面板中选择A1轨道中的音

频素材，按Delete键将其删除，如图4-44所示。

图4-44

（7）将"项目"面板中的"火焰足球.png"素材拖曳到"时间轴"面板的V2轨道中，如图4-45所示。

图4-45

（8）在"时间轴"面板中选择所有素材，然后选择"剪辑>速度/持续时间"命令，在打开的"剪辑速度/持续时间"对话框中设置所有素材的持续时间为5秒，如图4-46所示。修改后的效果如图4-47所示。

图4-46

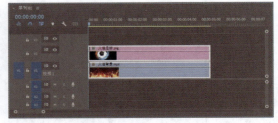

图4-47

（9）选择V2轨道中的"火焰足球.png"素

材，然后在"效果控件"面板中展开"运动"选项组，如图4-48所示。

图4-48

（10）将时间指示器移动到第0秒，单击"位置"选项前面的"切换动画"按钮，将开启位移动画功能，同时将在此位置自动为素材添加一个关键帧，然后设置该关键帧的坐标值为（600，-300），如图4-49所示。

图4-49

（11）将时间指示器移动到第0秒12帧，单击"位置"选项后面的"添加/移除关键帧"按钮，在此位置为素材添加一个关键帧，然后设置坐标值为（800，1000），如图4-50所示。

图4-50

（12）将时间指示器移动到第1秒，单击"位置"选项后面的"添加/移除关键帧"按钮，在此位置为素材添加一个关键帧，然后设置坐标值为（960，300），如图4-51所示。

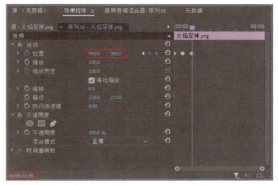

图4-51

（13）将时间指示器移动到第1秒12帧，单击"位置"选项后面的"添加/移除关键帧"按钮，在此位置为素材添加一个关键帧，然后设置坐标值为（1100，1000），如图4-52所示。

图4-52

（14）将时间指示器移动到第2秒，单击"位置"选项后面的"添加/移除关键帧"按钮，在此位置为素材添加一个关键帧，然后设置坐标值为（1200，600），如图4-53所示。

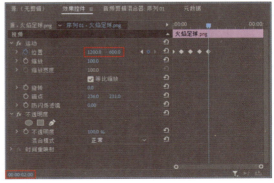

图4-53

（15）将时间指示器移动到第2秒12帧，单击"位置"选项后面的"添加/移除关键帧"按钮，在此位置为素材添加一个关键帧，然后设置坐标值为（1280，1000），如图4-54所示。

图4-54

（16）在"节目"监视器面板中单击"播放-停止切换"按钮，对影片进行预览，效果如图4-55所示。

图4-55

💡 **小提示**

从影片效果中可以看到足球从空中落下时速度变化突兀，显得很不自然。这时可以设置关键帧的变化方式，调整足球的运动效果。

（17）在按住Shift键的同时，依次单击第0秒、第1秒和第2秒的关键帧，如图4-56所示。然后在选中的任意关键帧上单击鼠标右键，在弹出的快捷菜单中选择"临时插值>缓入"命令，如图4-57所示。

图4-56

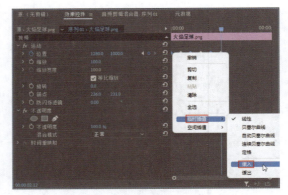

图4-57

（18）在"节目"监视器面板中单击"播放-停止切换"按钮，可以预览给素材修改"位置"参数后的运动效果，如图4-58所示。

图4-58

（19）将时间指示器移动到第0秒，单击"缩放"选项前面的"切换动画"按钮开启缩放动画功能，在此位置为素材添加一个关键帧，如图4-59所示。

图4-59

（20）将时间指示器移动到第2秒12帧，单击"缩放"选项后面的"添加/移除关键帧"按钮，为该选项添加一个关键帧，然后设置当前关键帧的"缩放"值为0，如图4-60所示。

（21）在"节目"监视器面板中单击"播放-停止切换"按钮，可以预览给素材修改"缩放"参数后的运动效果，如图4-61所示。

（22）将时间指示器移动到第0秒，单击"旋转"选项前面的"切换动画"按钮开启旋转动画功能，在此位置为素材添加一个关键帧，如图4-62所示。

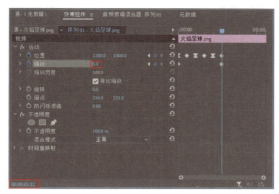

图4-60

图4-61

图4-62

（23）将时间指示器移动到第2秒12帧，单击"旋转"选项后面的"添加/移除关键帧"按钮，为该选项添加一个关键帧，然后设置"旋转"值为3x0.0°（旋转3圈），如图4-63所示。

图4-63

（24）在"节目"监视器面板中单击"播放-停止切换"按钮，可以预览给素材修改"旋转"参数后的运动效果，如图4-64所示。

图4-64

（25）将"项目"面板中的"音乐.mp3"素材添加到"时间轴"面板的A1轨道中，如图4-65所示。

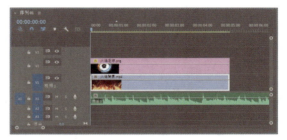

图4-65

（26）使用"剃刀工具"对音频素材进行切割，如图4-66所示。

图4-66

（27）选择被切割的音频素材的后半部分，然后按Delete键将其删除，如图4-67所示。

图4-67

（28）在音频素材的最后两秒的位置，各添加一个关键帧，如图4-68所示。

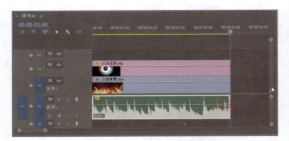

图4-68

（29）将音频素材最后一个关键帧向下拖曳，创建声音淡出的效果，完成本例的制作，如图4-69所示。

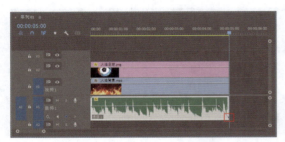

图4-69

（30）将制作好的项目导出为影片，可以使用播放软件对影片进行预览，如图4-70所示。

图4-70

4.2.2 "位置"

"位置"参数用于设置素材相对于整个屏幕的坐标值，如图4-71所示。假设项目的帧大小为720像素×576像素，坐标值为（360，288），那么编辑的视频中心正好对齐"节目"监视器面板的画面中心。在Premiere坐标系中，左上角是原点（0，0），横轴和纵轴的正方向分别是向右和向下，右下角是离原点最远的点，坐标值为（720，576）。所以，增加横轴和纵轴坐标值时，素材会分别向右和向下运动。

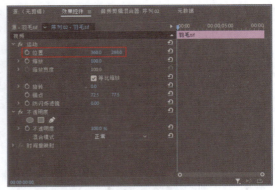

图4-71

单击"效果控件"面板的"运动"选项组中的"位置"选项，使其底色变为灰色，如图4-72所示。此时"节目"监视器面板中相应素材周围就会出现控制点，拖曳素材，可以灵活调整素材的位置，如图4-73所示。

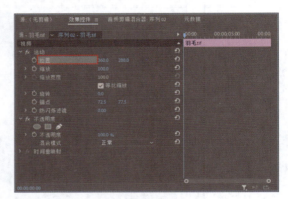

图4-72

图4-73

4.2.3 "缩放"

"缩放"参数用于设置素材的缩放百分比，如图4-74所示。当其下方的"等比缩放"复选框未被勾选时，"缩放"参数可用于调整素材的高度，同时其下方的"缩放宽度"选项呈可选状态，用于调整素材的宽度，此时可以只改变素材的高度或宽度。当"等比缩放"复选框被勾选时，素材只能按照百分比进行缩放。

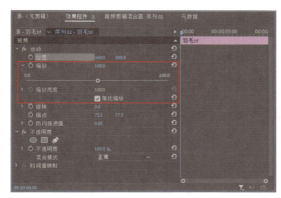

图4-74

4.2.4 "旋转"

"旋转"参数用于调整素材的旋转角度。当旋转角度小于360°时，可以设置的参数只有旋转角度，如图4-75所示。当旋转角度超过360°时，可以设置的参数变为两个，第一个参数指定旋转的周数，第二个参数指定旋转角度，如图4-76所示。

图4-75

图4-76

4.2.5 "锚点"

默认状态下，锚点在素材的中心点位置。在创建旋转效果时，锚点便是旋转的中心点。调整"锚点"参数可以改变锚点的位置，如图4-77和图4-78所示。

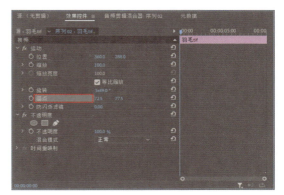

图4-77

图4-78

4.2.6 "防闪烁滤镜"

将"防闪烁滤镜"参数设置为不同值，可以更改防闪烁滤镜在视频持续时间内的强度。单击"防闪烁滤镜"选项旁边的展开按钮，展开该选项，向右拖曳其下的滑块，可以提高防闪烁滤镜的强度，如图4-79所示。

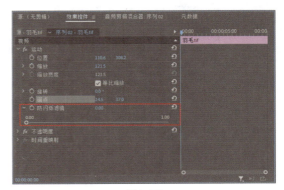

图4-79

4.3 课后习题

通过对本章的学习，读者应该对运动效果有了深入的了解，灵活掌握了其使用方法，可以制作各种运动效果。

课后习题：扬帆启航

效果文件位置	源文件>CH04>习题01
素材文件位置	源文件>CH04>习题01
技术掌握	巩固运动效果的制作与设置方法

扬帆启航

本习题将通过制作"扬帆启航.mp4"影片，帮助读者掌握运动效果的制作与设置方法，最终效果如图4-80所示。

图4-80

（1）新建一个名为"扬帆启航"的项目文件，然后导入所需的素材，如图4-81所示。

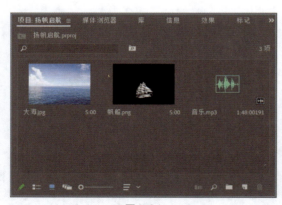

图4-81

（2）新建一个序列，在"新建序列"对话框中选择"DV-24P>标准32kHz"选项，如图4-82所示。

（3）将"项目"面板中的图像素材分别添加到"时间轴"面板的V1和V2轨道中，如图4-83所示。

图4-82

图4-83

（4）在"时间轴"面板中选择V2轨道中的素材，打开"效果控件"面板，在第0秒的位置，分别为"位置"和"缩放"选项设置一个关键帧，并修改关键帧的参数值，如图4-84所示。此时图像的预览效果如图4-85所示。

图4-84

（5）在第4秒23帧的位置，修改"位置"和"缩放"选项的参数值，同时自动设置一个关键帧，如图4-86所示。此时图像的预览效果如图4-87所示。

图4-85

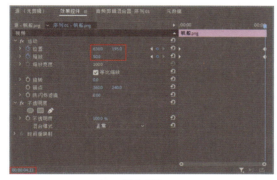

图4-86

图4-87

（6）将"音乐.mp3"素材添加到"时间轴"面板的A1轨道中，并制作音频素材淡出效果，如图4-88所示。

图4-88

（7）将制作好的项目导出为影片，可以使用

播放软件对影片进行预览，如图4-89所示。

图4-89

课后习题：发散的光波

效果文件位置	源文件>CH04>习题02	
素材文件位置	源文件>CH04>习题02	发散的光波
技术掌握	运动效果的制作与设置	

本习题将通过制作"发散的光波.mp4"影片，帮助读者掌握运动效果的制作与设置方法，如图4-90所示。

图4-90

（1）新建一个名为"发散的光波"的项目文件，在"项目"面板中导入素材，如图4-91所示。

图4-91

（2）新建一个序列，在"新建序列"对话框中选择"轨道"选项卡，设置视频轨道数量为4，如图4-92所示。

图4-92

（3）在"项目"面板中将两个图像素材的持续时间设置为9秒，如图4-93所示。

图4-93

（4）将两个图像素材分别添加到"时间轴"面板的V1轨道和V2轨道中，如图4-94所示。

图4-94

（5）选择V2轨道中的"光波.tif"素材，切换到"效果控件"面板中，适当调整"位置"选项的坐标值，使光波中心与灯塔光源位置重合，如图4-95、图4-96所示。

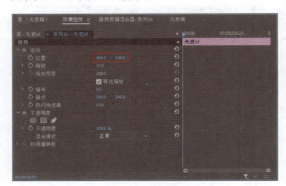

图4-95

图4-96

（6）在第0秒的位置为"缩放"和"不透明度"选项各添加一个关键帧，并设置两个关键帧的参数值都为0，如图4-97所示。

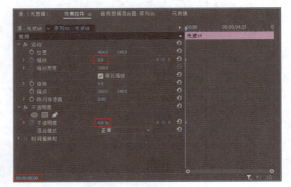

图4-97

（7）将时间指示器移动到第1秒，为"不透明度"选项添加一个关键帧，设置"不透明度"值为65%，如图4-98所示。

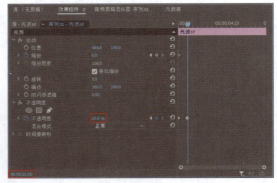

图4-98

（8）将时间指示器移动到第2秒10帧，为"缩放"和"不透明度"选项各添加一个关键帧，设置"缩放"值为100、"不透明度"值为0%，如图4-99所示。

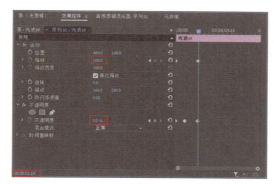

图4-99

（9）复制创建的关键帧，然后分别在第3秒和第6秒的位置对复制的关键帧进行粘贴，如图4-100所示。

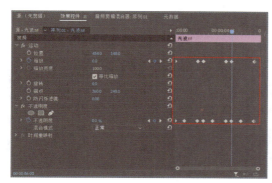

图4-100

（10）在"时间轴"面板中将编辑好的"光波.tif"素材复制两次，如图4-101所示。

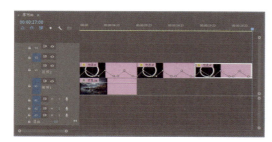

图4-101

（11）将复制的两个"光波.tif"素材分别移动到V3、V4轨道中，分别在第1秒和第2秒的位置设置入点，如图4-102所示。

（12）拖曳V3轨道和V4轨道中素材的出点，使其出点与V2轨道中素材的出点对齐，如图4-103所示。

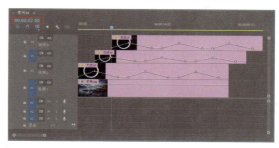

图4-102

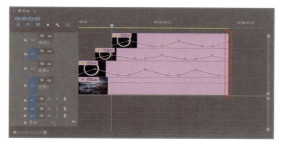

图4-103

（13）将"声音.mp3"素材添加到"时间轴"面板的A1轨道中，完成本例的制作，如图4-104所示。

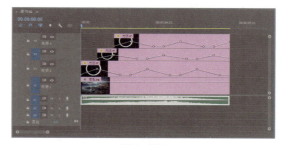

图4-104

（14）将制作好的项目导出为影片，可以使用播放软件对影片进行预览，如图4-105所示。

图4-105

第5章

添加视频过渡

本章导读

视频过渡也称作视频切换或视频转场，是指编辑电视节目或影视作品时，在不同的镜头间加入的过渡效果。添加视频过渡效果在影视创作中是比较常见的技术手段。本章将介绍应用 Premiere 添加视频过渡的相关知识和操作。

本章学习要点

● 应用视频过渡效果

● Premiere 视频过渡效果详解

5.1 应用视频过渡效果

应用Premiere的视频过渡效果可以将视频作品中的一个场景过渡到另一个场景，从而完成场景之间的切换。

5.1.1 课堂案例：古诗诵读

效果文件位置	源文件>CH05>古诗诵读
素材文件位置	源文件>CH05>古诗诵读
技术掌握	视频过渡效果的添加与设置

本例将使用"插入"过渡效果制作逐个显示文字的效果，在效果制作过程中，还要注意设置视频过渡效果的持续时间和方向。本例的最终效果如图5-1所示。

（1）启动Premiere Pro 2024应用程序，新建一个名为"古诗诵读"的项目，如图5-2所示。

图5-2

（2）选择"文件>导入"命令，打开"导入"对话框，选择"水墨山水.mp4"和"古诗.psd"素材，然后单击"打开"按钮 [打开(O)]，如图5-3所示。将选择的素材导入"项目"面板中，其中"古诗.psd"素材以各个图层的方式导入项目中，如图5-4所示。

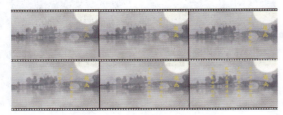

图5-1

图5-3

图5-4

（3）选择"文件>新建>序列"命令，打开"新建序列"对话框，选择"轨道"选项卡，设置视频轨道数量为6，如图5-5所示。

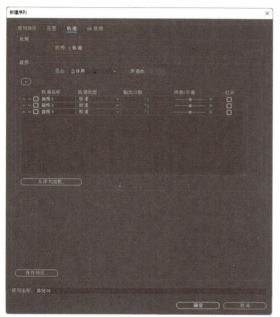

图5-5

（4）在"项目"面板中将"水墨山水.mp4"素材添加到"时间轴"面板的V1轨道中，如图5-6所示。

图5-6

（5）选中"时间轴"面板中的"水墨山

水.mp4"素材，然后选择"剪辑>速度/持续时间"命令，在打开的"剪辑速度/持续时间"对话框中设置"持续时间"为16秒，如图5-7所示。

图5-7

（6）将"古诗"素材箱中的"题/古诗.psd"素材添加到"时间轴"面板的V2轨道中，设置入点为第1秒，如图5-8所示。

图5-8

（7）在"时间轴"面板中拖曳"题/古诗.psd"素材的出点至与"水墨山水.mp4"素材的出点对齐，如图5-9所示。

图5-9

（8）打开"效果"面板，选择"视频过渡>溶解>交叉溶解"过渡效果，如图5-10所示。然后将该过渡效果添加到"题/古诗.psd"素材的入点处，如图5-11所示。

（9）在"项目"面板中将"01/古诗.psd"~"04/古诗.psd"素材分别添加到"时间轴"面板的V3~V6轨道中，设置这4个素材的入点分别为第3秒、第6秒、第9秒、第12秒，拖曳调整它们的出点，与"水墨山水.mp4"素材的出点对齐，如图5-12所示。

图5-10

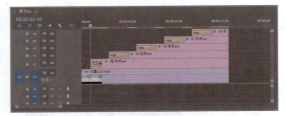

图5-14

（11）在"时间轴"面板中选择V3轨道中的"Inset"过渡效果，然后在"效果控件"面板中设置"持续时间"为2秒，设置"方向"为"右上到左下"，如图5-15所示。再将V4轨道中的"Inset"过渡效果设置为相同的参数。

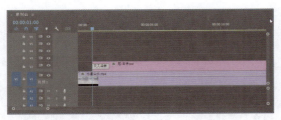

图5-11

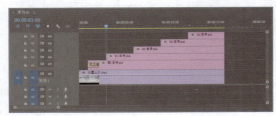

图5-12

（10）在"效果"面板中选择"视频过渡>擦除>Inset"（插入）过渡效果，如图5-13所示。然后将该过渡效果分别添加到"01/古诗.psd"~"04/古诗.psd"素材的入点处，如图5-14所示。

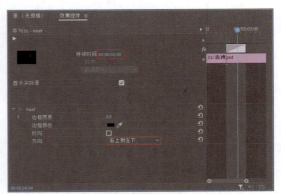

图5-15

（12）设置V5和V6轨道中的"Inset"过渡效果的"持续时间"为2秒，"方向"为"左上到右下"，如图5-16所示。

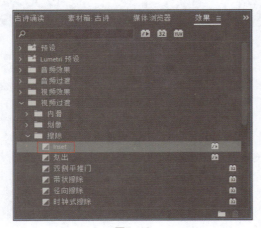

图5-13

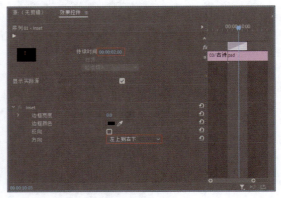

图5-16

（13）在"节目"监视器面板中单击"播放-停止切换"按钮▶，对添加过渡效果后的影片进行预览，效果如图5-17所示。

图5-17

5.1.2　过渡效果的管理

Premiere Pro 2024的视频过渡效果存放在"效果"面板的"视频过渡"素材箱中。选择"窗口>效果"命令，打开"效果"面板，"效果"面板将所有效果整理在各个素材箱中，如图5-18所示。

图5-18

Premiere Pro 2024"效果"面板的"视频过渡"素材箱中存储了几十种不同的过渡效果。单击"效果"面板中"视频过渡"素材箱前面的展开按钮 ，可以查看"视频过渡"素材箱的子素材箱，如图5-19所示。单击其中一个子素材箱前面的展开按钮 ，可以查看这个子素材箱对应的过渡类型所包含的效果，如图5-20所示。

"效果"面板中存放了各类效果，用户在此可以查找需要的效果，或对效果进行组织管理。在"效果"面板中，用户可以进行如下操作。

- 查找视频效果：单击"效果"面板中的查找文本框，然后输入效果的名称，即可找到该效果，如图5-21所示。

图5-19

图5-20

图5-21

- 创建素材箱：创建新的素材箱，可以将常使用的效果放在一起。单击"效果"面板底部的"新建自定义素材箱"按钮 ，可以创建新的素材箱，并将需要的效果拖曳到其中，如图5-22所示。

- 重命名自定义素材箱：在新建的素材箱的名称上单击两次（双击用于展开素材箱，若要重命名则需单击两次），然后输入新名称，即可重命名自定义素材箱。

图5-22

• **删除自定义素材箱**：单击素材箱将其选中，然后单击"删除自定义项目"按钮 🗑，或者单击鼠标右键，在弹出的快捷菜单中选择"删除"命令，这两种操作都可以弹出"删除项目"对话框，单击"确定"按钮 （ 确定 ）即可删除自定义素材箱。

5.1.3 添加视频过渡效果

将"效果"面板中的过渡效果拖曳到轨道中的两个素材之间（可以是前一个素材的出点处，也可以是后一个素材的入点处），即可在素材间添加该过渡效果，如图5-23所示。过渡效果会使用前一个素材出点处的额外帧和后一个素材入点处的额外帧作为过渡效果帧。

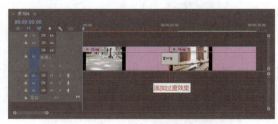

图5-23

 小提示

Premiere Pro 2024的默认过渡效果为"交叉溶解"，该过渡效果的图标有一个蓝色的边框，如图5-24所示。选择一个其他的视频过渡效果，单击鼠标右键，在弹出的快捷菜单中选择"将所选过渡设置为默认过渡"命令，即可将该过渡效果设置为默认过渡效果，如图5-25所示。

图5-24

图5-25

5.1.4 设置视频过渡效果

在素材间应用过渡效果之后，在"时间轴"面板中将其选中，就可以在"时间轴"面板或"效果控件"面板中对其进行设置。

1. 修改过渡效果的持续时间

通过修改"效果控件"面板中的"持续时间"值，可以修改过渡效果的持续时间，如图5-26所示。在"效果控件"面板中除了通过修改"持续时间"值修改过渡效果的持续时间外，还可以通过拖曳过渡效果的左边缘或右边缘调整过渡效果的持续时间，如图5-27所示。

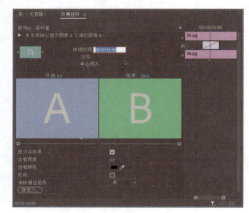

图5-26

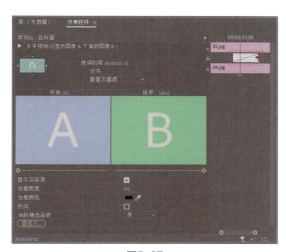

图5-27

通过在"时间轴"面板中拖曳过渡效果的边缘，也可以修改过渡效果的持续时间，如图5-28所示。将鼠标指针移动到过渡效果上，可以查看过渡效果的持续时间。

图5-28

2. 修改过渡效果的对齐方式

在"时间轴"面板中选中过渡效果并向左或向右拖曳，可以修改过渡效果的对齐方式。向左拖曳过渡效果，可以将过渡效果与前一个素材的出点对齐，如图5-29所示。向右拖曳过渡效果，可以将过渡效果与后一个素材的入点对齐，如图5-30所示。若要让过渡效果居中对齐，就需要将过渡效果放置在两个素材交接的位置。

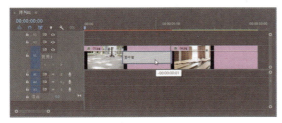

图5-29

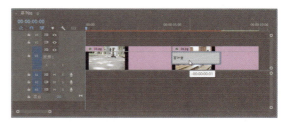

图5-30

在"效果控件"面板中可以对过渡效果进行更多的设置。双击"时间轴"面板中的过渡效果，打开"效果控件"面板，在"对齐"下拉列表中可以选择过渡效果的对齐方式，包括"中心切入""起点切入""终点切入""自定义起点"等4种对齐方式，如图5-31所示。在"效果控件"面板中勾选"显示实际源"复选框，可以显示素材及其过渡效果，如图5-32所示。

图5-31

图5-32

各种对齐方式的作用如下。

● "中心切入"或"自定义起点"：选择这两种对齐方式时，更改"持续时间"值对入点和出点都有影响。

● "起点切入"：选择该对齐方式时，更改"持续时间"值对出点有影响。

● "终点切入"：选择该对齐方式时，更改"持续时间"值对入点有影响。

3. 设置过渡参数

有些视频过渡效果有"自定义"按钮 自定义... ，用户可以对该过渡效果进行更多的设置。例如，在素材间添加"百叶窗"过渡效果，"效果控件"面板中就会出现"自定义"按钮 自定义... ，如图5-33所示。单击该按钮，可以打开"百叶窗设置"对话框，对"带数量"进行设置，如图5-34所示。

图5-33

图5-34

5.2.1 课堂案例：宝贝相册

效果文件位置	源文件>CH05>宝贝相册
素材文件位置	源文件>CH05>宝贝相册
技术掌握	添加视频过渡效果

宝贝相册

本例将通过制作"宝贝相册.mp4"视频，介绍添加视频过渡效果的相关操作。本例的最终效果如图5-35所示。

图5-35

（1）启动Premiere Pro 2024应用程序，新建一个名为"宝贝相册"的项目，如图5-36所示。

图5-36

（2）选择"文件>导入"命令，打开"导入"对话框，选择需要的素材，然后单击"打开"按钮 打开(O) ，如图5-37所示。将选择的素材导入"项目"面板中，如图5-38所示。

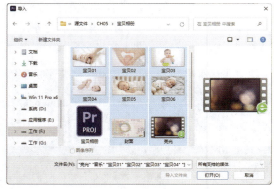

图5-37

5.2 Premiere视频过渡效果详解

Premiere Pro 2024的"视频过渡"素材箱中包含8种不同的过渡类型，分别是"内滑""划像""擦除""沉浸式视频""溶解""缩放""过时""页面剥落"。本节将详细介绍各类过渡效果的作用。

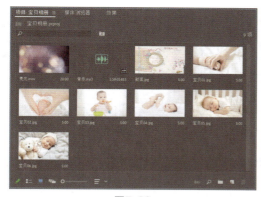

图5-38

（3）单击"项目"面板下方的"新建素材箱"按钮 📁，创建1个素材箱，将其命名为"图片"，如图5-39所示。

图5-39

（4）将"项目"面板中的图片素材拖曳到"图片"素材箱中，如图5-40所示。

图5-40

（5）选择"文件>新建>序列"命令，打开"新建序列"对话框，选择"设置"选项卡，设置"编辑模式"为"自定义"，设置"帧大小"的"水平"值为1920、"垂直"值为1080，如图5-41所示。

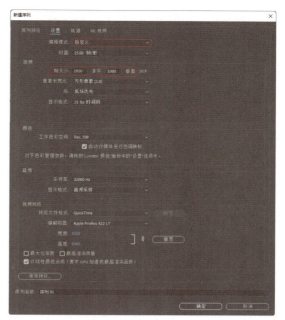

图5-41

（6）将"项目"面板中的图片素材添加到"时间轴"面板的V1轨道中，如图5-42所示。

图5-42

（7）打开"效果"面板，选择"视频过渡>溶解>交叉溶解"过渡效果，如图5-43所示。然后将该过渡效果添加到"封面.jpg"素材的入点处，如图5-44所示。

图5-43

图5-44

（8）依次将"翻页""带状内滑""交叉划像""圆划像""菱形划像""带状擦除"过渡效果添加到其他图片素材之间，如图5-45和图5-46所示。

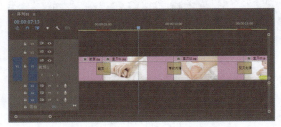
图5-45

图5-46

（9）将"交叉溶解"过渡效果添加到最后一个图片素材的出点，如图5-47所示。

图5-47

（10）将"亮光.mov"素材添加到"时间轴"面板的V2轨道中，将其入点设置在第5秒，如图5-48所示。

（11）再次将"亮光.mov"素材添加到"时间轴"面板的V2轨道中，将其入点设置在第25秒，如图5-49所示。

图5-48

图5-49

（12）在"时间轴"面板中拖曳V2轨道中第二个"亮光.mov"素材的出点，将其出点与V1轨道中的"宝贝06.jpg"素材的出点对齐，如图5-50所示。

图5-50

（13）在"时间轴"面板中选中第一个"亮光.mov"素材，在"效果控件"面板中将"不透明度"选项组中的"混合模式"设为"柔光"，如图5-51所示。然后选中第二个"亮光.mov"素材，进行相同的设置。

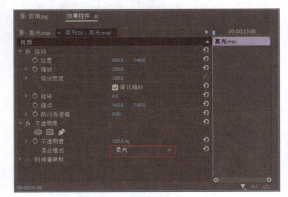
图5-51

（14）将"项目"面板中的"音乐.mp3"素材添加到"时间轴"面板的A1轨道中，如图5-52所示。

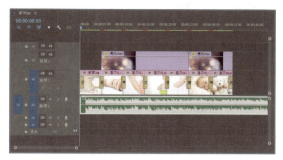

图5-52

（15）将时间指示器移动到第35秒，然后使用"剃刀工具" 在当前位置对音频素材进行切割，如图5-53所示。

图5-53

（16）选择被切割的音频素材的后半部分，按Delete键将其删除，如图5-54所示。

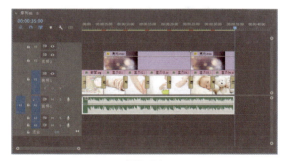

图5-54

（17）在第33秒和音频的出点处，分别为音频素材添加一个关键帧，如图5-55所示。

（18）将音频素材出点处的关键帧向下拖曳，将该关键帧的音量调整到最低，如图5-56所示。

（19）在"节目"监视器面板中单击"播放-停止切换"按钮 ，对本例编辑的影片进行预览，如图5-57所示。

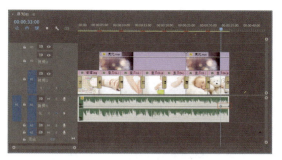

图5-55

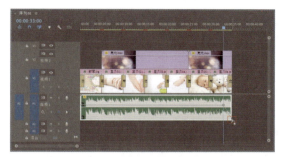

图5-56

图5-57

5.2.2 内滑视频过渡效果

"内滑"视频过渡效果包括"Center Split"（中心拆分）、"Split"（拆分）、"内滑"、"带状内滑"、"急摇"、"推"，如图5-58所示。

图5-58

1. Center Split

在此过渡效果中，素材A被切分成4个部分，并逐渐从中心向外移动，呈现出素材B，如图5-59所示。

图5-59

2. Split

在此过渡效果中，素材A从中间分成两半并向两边移出画面，呈现出素材B，类似于打开推拉门显示房间内的景象，如图5-60所示。

图5-60

3. 内滑

在此过渡效果中，素材B逐渐滑动到素材A的上方，如图5-61所示。

图5-61

4. 带状内滑

在此过渡效果中，素材B以矩形条带的形式从屏幕两边向对面移动，逐渐交叉组合并完整覆盖素材A，如图5-62所示。

图5-62

5. 急摇

此过渡效果采用类似摇动摄像机的方式，使画面产生从素材 A 过渡到素材 B 的效果，如图5-63所示。

图5-63

6. 推

在此过渡效果中，素材B将素材A推向一边。用户可以将此过渡效果的推挤方式设置为从西到东、从东到西、从北到南或从南到北（软件中的西、东、北、南分别对应左、右、上、下），如图5-64所示。

图5-64

5.2.3　划像视频过渡效果

"划像"视频过渡效果包括"交叉划像""圆划像""盒形划像""菱形划像"，如图5-65所示。

图5-65

1. 交叉划像

在此过渡效果中，素材B出现在一个慢慢变大的十字形中，该十字形最终会占据整个画面，如图5-66所示。

2. 圆划像

在此过渡效果中，素材B出现在一个慢慢变大的圆形中，该圆形最终会占据整个画面，如图5-67所示。

图5-66

图5-67

3. 盒形划像

在此过渡效果中,素材B出现在一个慢慢变大的矩形中,该矩形最终会占据整个画面,如图5-68所示。

图5-68

4. 菱形划像

在此过渡效果中,素材B出现在一个慢慢变大的菱形中,该菱形最终会占据整个画面,如图5-69所示。

图5-69

5.2.4 擦除视频过渡效果

"擦除"视频过渡效果包括"Inset"(插入)、"划出"、"双侧平推门"、"带状擦除"、"径向擦除"、"时钟式擦除"、"棋盘"、"棋盘擦除"、"楔形擦除"、"水波块"、"油漆飞溅"、"百叶窗"、"螺旋框"、"随机块"、"随机擦除"和"风车",如图5-70所示。

1. Inset

在此过渡效果中,素材B随着一个从左上角

逐渐放大至占满整个画面的矩形出现,替代素材A,如图5-71所示。

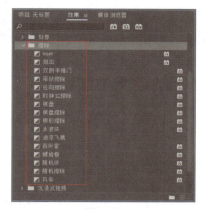

图5-70

图5-71

2. 划出

在此过渡效果中,素材B向右覆盖素材A,直至占据整个画面,如图5-72所示。

图5-72

3. 双侧平推门

在此过渡效果中,素材A从中间向两边消失,呈现出素材B,如图5-73所示。

图5-73

4. 带状擦除

在此过渡效果中,素材B以矩形条带的形式从屏幕两边渐渐出现并替代素材A,如图5-74所示。

图5-74

5. 径向擦除

在此过渡效果中，素材A以画面左上角为圆心，顺时针旋转着消失，呈现出素材B，如图5-75所示。

图5-75

6. 时钟式擦除

在此过渡效果中，素材A以画面中心为圆心，顺时针旋转着消失，呈现出素材B，就像是时钟的指针旋转扫过画面，如图5-76所示。

图5-76

7. 棋盘

在此过渡效果中，素材B以棋盘格图案的形式出现，逐渐取代素材A，如图5-77所示。

图5-77

8. 棋盘擦除

在此过渡效果中，包含素材B局部画面的棋盘格图案逐渐延伸到整个画面，如图5-78所示。

9. 楔形擦除

在此过渡效果中，素材B出现在逐渐变大并最终替换素材A的饼式楔形中，如图5-79所示。

图5-78

图5-79

10. 水波块

在此过渡效果中，素材B渐渐出现在水平条带中，条带从左上方向右上方移动，然后从右下方向画面左下方移动，如图5-80所示。

图5-80

11. 油漆飞溅

在此过渡效果中，素材B逐渐以泼洒颜料的形式出现，如图5-81所示。

图5-81

12. 百叶窗

在此过渡效果中，素材B看起来像是透过百叶窗出现的，百叶窗逐渐打开，呈现出素材B的完整画面，如图5-82所示。

图5-82

13. 螺旋框

在此过渡效果中，素材B伴随着一个矩形从四周向中心旋转运动，逐渐变大并替换素材A，如图5-83所示。

图5-83

14. 随机块

在此过渡效果中，素材B逐渐在随机分布的小方格中显现，如图5-84所示。

图5-84

15. 随机擦除

在此过渡效果中，素材B逐渐出现在顺着画面下落的小方格中，如图5-85所示。

图5-85

16. 风车

在此过渡效果中，素材B以放射状条带的形式出现，直至占据整个画面，如图5-86所示。

图5-86

5.2.5 沉浸式视频过渡效果

"沉浸式视频"视频过渡效果包括"VR光圈擦除""VR光线""VR渐变擦除""VR漏光""VR球形模糊""VR色度泄漏""VR随机块""VR默比乌斯缩放"，如图5-87所示。

图5-87

1. VR光圈擦除

在此过渡效果中，素材B逐渐出现在一个慢慢变大的光圈中，随后该光圈占据整个画面，如图5-88所示。

图5-88

2. VR光线

在此过渡效果中，素材A中逐渐出现强光线，随后素材B在强光线中逐渐出现，如图5-89所示。

图5-89

3. VR渐变擦除

在此过渡效果中，素材B以一定的方式逐渐被擦除，用户可以选择渐变擦除素材A的图像，还可以设置渐变擦除的羽化值等参数，如图5-90所示。

图5-90

4. VR漏光

在此过渡效果中，素材A逐渐变亮，随后素材B在亮光中逐渐出现，如图5-91所示。

图5-91

5. VR球形模糊

在此过渡效果中，素材A以球形模糊的形式逐渐消失，随后素材B以球形模糊的形式逐渐出现，如图5-92所示。

图5-92

6. VR色度泄漏

在此过渡效果中，素材A以色度泄漏的形式逐渐消失，随后素材B逐渐出现在画面中，如图5-93所示。

图5-93

7. VR随机块

在此过渡效果中，素材B在随机出现的块中逐渐显现，用户可以设置块的宽度、高度和羽化值等参数，如图5-94所示。

图5-94

8. VR默比乌斯缩放

在此过渡效果中，素材B以默比乌斯缩放的形式逐渐显现，如图5-95所示。

图5-95

5.2.6　溶解视频过渡效果

"溶解"视频过渡效果包括"MorphCut""交叉溶解""叠加溶解""白场过渡""胶片溶解""非叠加溶解""黑场过渡"，如图5-96所示。

图5-96

1. MorphCut

此过渡效果只能应用于静态背景上有演说者头部特写的固定访谈类节目镜头。此过渡效果通过在原声摘要之间平滑跳切，略去不重要的停顿，帮助用户创建更加完美的访谈视频。

2. 交叉溶解

在此过渡效果中，素材B在素材A淡出之前淡入，如图5-97所示。

图5-97

3. 叠加溶解

在此过渡效果中，素材A逐渐消失，同时素材B逐渐显现，素材A和素材B的色彩会产生叠加，如图5-98所示。

图5-98

4. 白场过渡

在此过渡效果中，素材A与素材B之间加入了一个白场，素材A淡化为白色背景，然后从白色背景中逐渐显现素材B，如图5-99所示。

图5-99

5. 胶片溶解

此过渡效果与"叠加溶解"过渡效果相似，它创建从一个素材到另一个素材的线性淡化过渡，如图5-100所示。

图5-100

6. 非叠加溶解

在此过渡效果中，素材A不淡出，素材B逐渐出现在素材A的区域内，如图5-101所示。

图5-101

7. 黑场过渡

在此过渡效果中，素材A与素材B之间加入了一个黑场，素材A逐渐变为黑色背景，然后从黑色背景中逐渐显现素材B，如图5-102所示。

图5-102

5.2.7　缩放视频过渡效果

"缩放"视频过渡效果中只有"交叉缩放"

过渡效果。此过渡效果逐渐放大素材B，直到占据整个画面，同时伴随着素材A的消失，如图5-103所示。

图5-103

5.2.8　过时视频过渡效果

"过时"视频过渡效果包含一些过时的视频过渡效果，如"渐变擦除""立方体旋转""翻转"，如图5-104所示。

图5-104

1. 渐变擦除

对素材使用该过渡效果时，将打开"渐变擦除设置"对话框，如图5-105所示。在此对话框中单击"选择图像"按钮 选择图像... ，可以打开"打开"对话框进行灰度图像的加载，如图5-106所示。

图5-105

在此过渡效果中，素材B将使用用户选择的灰度图像的亮度值确定替换素材A中的哪些图像区域，并逐渐取代素材A，如图5-107所示。

图5-106

图5-107

2. 立方体旋转

此过渡效果使用旋转的立方体创建从素材A到素材B的过渡效果，单击缩略图四周的三角形按钮◀，可以将过渡效果设置为从北到南、从南到北、从西到东或从东到西4种过渡方式，如图5-108所示。

图5-108

3. 翻转

此过渡效果将沿视频的纵对称轴翻转素材A并呈现出素材B，如图5-109所示。

图5-109

5.2.9 页面剥落视频过渡效果

"页面剥落"视频过渡效果包括"翻页""页面剥落"，如图5-110所示。

1. 翻页

使用此过渡效果，页面将翻转，但不发生卷

曲。在翻转呈现出素材B时，可以看见素材A颠倒出现在页面的背面，如图5-111所示。

图5-110

图5-111

2. 页面剥落

在此过渡效果中，素材A从页面左边剥落到页面右边，呈现出素材B，如图5-112所示。

图5-112

5.3 课后习题

通过对本章的学习，读者应对视频过渡效果有了深入的了解，灵活掌握其使用方法，可以制作出各式各样的视频过渡效果。

课后习题：城市风光

效果文件位置	源文件>CH05>习题01	
素材文件位置	源文件>CH05>习题01	城市风光
技术掌握	应用默认视频过渡效果	

本习题将通过在素材间添加默认视频过渡效果，制作"城市风光.mp4"影片，效果如图5-113所示。

图5-113

（1）新建一个名为"城市风光"的项目文件，在"项目"面板中导入城市图片素材，如图5-114所示。

图5-114

（2）新建一个序列，将"项目"面板中的城市图片素材依次添加到"时间轴"面板的V1轨道中，如图5-115所示。

图5-115

（3）打开"效果"面板，展开"视频过渡>擦除"素材箱，然后在"百叶窗"过渡效果上单击鼠标右键，在弹出的快捷菜单中选择"将所选

过渡设置为默认过渡"命令，将其设置为默认过渡效果，如图5-116所示。

图5-116

（4）单击"工具"面板中的"向前选择轨道工具"按钮，然后单击V1轨道中的第一个素材，将该轨道中的所有素材选中，如图5-117所示。

图5-117

（5）选择"序列>应用默认过渡到选择项"命令，将默认过渡效果添加到V1轨道中的各个素材上，完成本例的制作，如图5-118所示。

图5-118

（6）在"节目"监视器面板中单击"播放-停止切换"按钮，对添加过渡效果后的影片进行预览，效果如图5-119所示。

图5-119

课后习题：动物世界

效果文件位置	源文件>CH05>习题02
素材文件位置	源文件>CH05>习题02
技术掌握	添加视频过渡效果

本习题将使用"圆划像""百叶窗""带状擦除""翻页""菱形划像"过渡效果制作图像间的切换效果。本习题的最终效果如图5-120所示。

图5-120

（1）新建一个名为"动物世界"的项目，在"项目"面板中导入图片素材，如图5-121所示。

（2）新建一个序列，将"项目"面板中的图片素材依次添加到"时间轴"面板的V1轨道中，如图5-122所示。

（3）打开"效果"面板，展开"视频过渡"素材箱的相应素材箱，将"圆划像""百叶窗""带状擦除""翻页""菱形划像"过渡效果依次添加到各个素材间，完成本例的制作，如图5-123和图5-124所示。

图5-121

图5-122

图5-123

图5-124

（4）在"节目"监视器面板中单击"播放-停止切换"按钮▶，对添加过渡效果后的影片进行预览，效果如图5-125所示。

图5-125

第6章

添加视频效果

本章导读

在 Premiere 中通过使用各种视频效果，可以使视频产生扭曲、模糊、幻影、镜头光晕、闪电等特殊效果。本章将详细介绍在 Premiere Pro 2024 中添加视频效果的操作与应用。

本章学习要点

● 视频效果应用

● 常用视频效果

6.1　视频效果应用

视频效果是一些由Premiere封装好的程序，专门用于处理视频画面，并且按照指定的要求实现各种视觉效果。Premiere Pro 2024的视频效果集合在"效果"面板中。

6.1.1　课堂案例：五画同映

效果文件位置	源文件>CH06>五画同映
素材文件位置	源文件>CH06>五画同映
技术掌握	视频效果的添加与设置

五画同映

本例将对素材应用"边角定位"视频效果，通过设置关键帧制作"五画同映"的效果，如图6-1所示。

图6-1

（1）启动Premiere Pro 2024应用程序，新建一个名为"五画同映"的项目文件，如图6-2

所示。

图6-2

（2）选择"文件>导入"命令，在"项目"面板中导入所需素材，如图6-3所示。

图6-3

（3）在"项目"面板中选中所有素材，然后选择"剪辑>速度/持续时间"命令。在打开的"剪辑速度/持续时间"对话框中设置所有素材的"持续时间"为10秒，如图6-4所示。

图6-4

（4）新建一个序列，在"新建序列"对话框的"设置"选项卡中设置"编辑模式"为"自定义"，设置"帧大小"的"水平"值为720、"垂直"值为480，如图6-5所示。

图6-5

（5）选择"轨道"选项卡，设置视频轨道的数量为5，如图6-6所示。

图6-6

（6）将"项目"面板中的各个素材依次添加到"时间轴"面板的V1～V5轨道中，如图6-7所示。

图6-7

（7）打开"效果"面板，选择"视频效果>扭曲>边角定位"视频效果，如图6-8所示。然后将"边角定位"视频效果依次添加到V2～V5轨道中的相应素材上。

图6-8

（8）选择V5轨道中的素材，打开"效果控件"面板，展开"边角定位"选项组。将时间指示器移动到第0秒，然后单击"左下"和"右下"选项前面的"切换动画"按钮，在当前位置为这两个选项各添加一个关键帧，如图6-9所示。

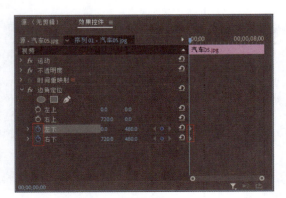

图6-9

（9）将时间指示器移动到第1秒，单击"左下"和"右下"选项后面的"添加/移除关键帧"按钮■，为这两个选项各添加一个关键帧。然后设置"左下"的坐标值为（180，120），设置"右下"的坐标值为（480，120），如图6-10所示。

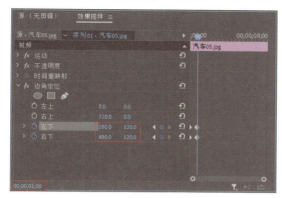

图6-10

（10）将时间指示器移动到第1秒，在"节目"监视器面板中对影片进行预览，效果如图6-11所示。

图6-11

（11）选择V4轨道中的素材，将时间指示器移动到第2秒。在"效果控件"面板中为"右上"和"右下"选项各添加一个关键帧，如图6-12所示。

（12）将时间指示器移动到第3秒，为"右上"和"右下"选项各添加一个关键帧，然后将"右上"的坐标值设为（180，120），将"右下"的坐标值设为（180，360），如图6-13所示。

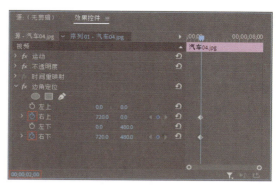

图6-12

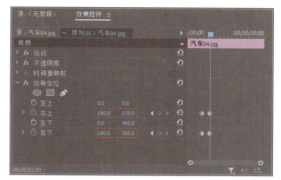

图6-13

（13）将时间指示器移动到第3秒，在"节目"监视器面板中对影片进行预览，效果如图6-14所示。

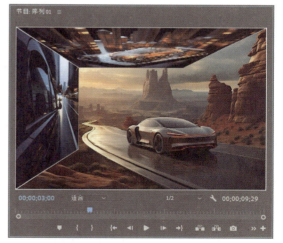

图6-14

（14）选择V3轨道中的素材，将时间指示器移动到第4秒，在"效果控件"面板中为"左上"和"左下"选项各添加一个关键帧，如图6-15所示。

图6-15

（15）将时间指示器移动到第5秒，继续为"左上"和"左下"选项各添加一个关键帧，并将"左上"的坐标值设为（480，120），将"左下"的坐标值设为（480，360），如图6-16所示。

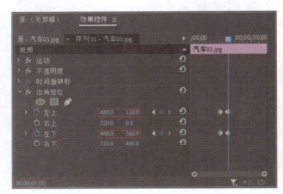

图6-16

（16）将时间指示器移动到第5秒，在"节目"监视器面板中对影片进行预览，效果如图6-17所示。

图6-17

（17）选择V2轨道中的素材，将时间指示器移动到第6秒，在"效果控件"面板中为"左上"

和"右上"选项各添加一个关键帧，如图6-18所示。

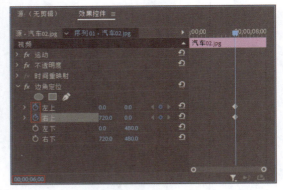

图6-18

（18）将时间指示器移动到第7秒，继续为"左上"和"右上"选项各添加一个关键帧，将"左上"的坐标值设为（180，360），将"右上"的坐标值设为（480，360），如图6-19所示。

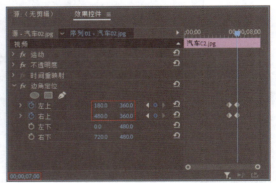

图6-19

（19）将时间指示器移动到第7秒，在"节目"监视器面板中对影片进行预览，效果如图6-20所示。

图6-20

（20）选择V1轨道中的素材，将时间指示器移动到第8秒，在"效果控件"面板中展开"运动"选项组，为"缩放"选项添加一个关键帧，如图6-21所示。

图6-21

（21）将时间指示器移动到第9秒，继续为"缩放"选项添加一个关键帧，设置"缩放"值为50，如图6-22所示。本例的最终效果如图6-23所示。

图6-22

图6-23

6.1.2　视频效果的管理

应用Premiere视频效果时，可以使用"效果"面板的选项对其进行辅助管理。

● 查找效果：在"效果"面板顶部的查找文本框中输入想要查找的视频效果名称，Premiere将会自动查找该效果，如图6-24所示。

图6-24

● 新建素材箱：单击"效果"面板底部的"新建自定义素材箱"按钮，可以新建一个素材箱对效果进行管理。

● 重命名素材箱：自定义素材箱的名称可以随时修改。选中自定义的素材箱，然后单击两次素材箱，激活素材箱名称文本框，在文本框中输入新的名称即可，如图6-25所示。

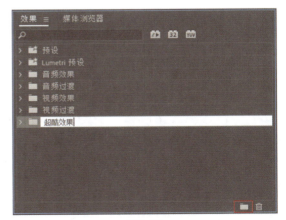

图6-25

● 删除素材箱：选中自定义素材箱，单击"效果"面板底部的"删除自定义项目"按钮，并在出现的"删除项目"对话框中单击"确定"按钮。

6.1.3 添加视频效果

为素材添加视频效果的操作方法与添加视频过渡效果的操作方法相似。在"效果"面板中选择一个视频效果，将其拖曳到"时间轴"面板中的素材上，就可以将该视频效果应用到素材上。例如给素材添加"画笔描边"视频效果，添加效果前后的对比如图6-26和图6-27所示。

图6-29

图6-26

图6-27

6.1.5 删除视频效果

给素材添加视频效果后，如果需要删除该效果，可以在"效果控件"面板中选中该效果，单击鼠标右键，然后在弹出的快捷菜单中选择"清除"命令，如图6-30所示。

6.1.4 禁用视频效果

给素材添加视频效果后，如果需要暂时禁用该效果，可以在"效果控件"面板中单击该效果前面的"切换效果开关"按钮 fx，如图6-28所示。此时，该效果前面的按钮图标变成禁用图标 fx，表示该效果已被禁用，如图6-29所示。

图6-30

如果为某个素材添加了多个视频效果，可以单击"效果控件"面板右上角的菜单按钮，在弹出的快捷菜单中选择"移除效果"命令，如图6-31所示。在打开的"删除属性"对话框中可以勾选多个要删除的视频效果，单击"确定"按钮 确定 即可将其删除，如图6-32所示。

图6-28

图6-31

图6-32

给素材添加视频效果后，在"效果控件"面板中选中该效果，可以按Delete键快速将其删除。

6.1.6 设置视频效果参数

在"时间轴"面板中选中已经添加视频效果的素材，然后在"效果控件"面板中可以看到为素材添加的视频效果。例如，给素材添加了"方向模糊"视频效果，"效果控件"面板中就会显示"方向模糊"选项组，如图6-33所示。单击视频效果参数选项前面的展开按钮　，可以展

开该参数选项，如图6-34所示。

图6-33

图6-34

在"效果控件"面板中可以通过拖曳滑块，或是在文本框中输入参数值调节对应的参数，从而更改图像的效果。

6.1.7 设置效果关键帧

为素材添加视频效果后，在"效果控件"面板中单击"切换动画"按钮　，将开启视频效果的动画功能，同时将在当前位置创建一个关键帧，如图6-35所示。开启动画功能后，可以通过创建和编辑关键帧对视频效果进行设置。在"效果控件"面板中开启动画功能后，将时间指示器移到新的位置，可以单击选项后面的"添加/移除关键帧"按钮　，在指定的位置添加或删除关键帧。通过修改关键帧的参数，可以编辑当前位置的视频效果，如图6-36所示。

图6-35

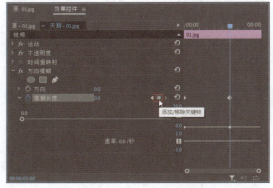

图6-36

 常用视频效果

Premiere Pro 2024提供了多种视频效果，被分类保存在十几个素材箱中。本节对常用视频

效果进行介绍。

6.2.1 课堂案例：晴天霹雳

效果文件位置	源文件>CH06>晴天霹雳	
素材文件位置	源文件>CH06>晴天霹雳	晴天霹雳
技术掌握	"闪电"效果的添加与设置	

本例将主要应用"闪电"视频效果在晴天制作闪电效果，如图6-37所示。

图6-37

（1）启动Premiere Pro 2024应用程序，新建一个名为"晴天霹雳"的项目文件，如图6-38所示。

（2）选择"文件>导入"命令，在"项目"面板中导入所需素材，如图6-39所示。

（3）新建一个序列，在"新建序列"对话框的"设置"选项卡中设置"编辑模式"为"自定义"、"帧大小"的"水平"值为1920、"垂直"值为1080，如图6-40所示。

图6-38

图6-39

图6-40

（4）将视频素材添加到"时间轴"面板的V1轨道中，如图6-41所示。在"节目"监视器面板中的预览效果如图6-42所示。

图6-41

（5）分别在第1秒和第1秒12帧的位置，对"时间轴"面板中的视频素材进行切割，将视频

素材分为3段，如图6-43所示。

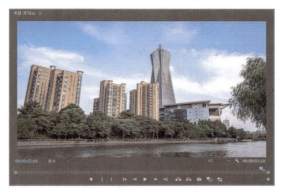

图6-42

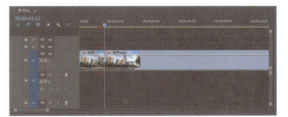

图6-43

 小提示

这里将视频素材切割为3段，目的是只在第二段素材中添加闪电效果，这样闪电效果会更自然。

（6）在"效果"面板中展开"视频效果>生成"素材箱，选择"闪电"效果，如图6-44所示。将"闪电"效果添加到V1轨道中的第二段视频素材上。

图6-44

（7）选择V1轨道中的第二段视频素材，在"效果控件"面板中展开"闪电"选项组，设置闪电的各个参数，如图6-45所示。

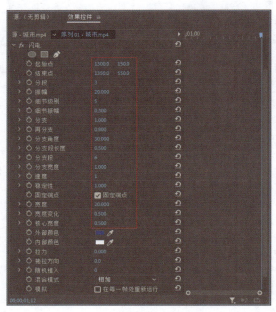

图6-45

（8）在"节目"监视器面板中预览影片，效果如图6-46所示。

图6-46

（9）将音频素材添加到A1轨道中，设置入点在第1秒的位置，如图6-47所示。

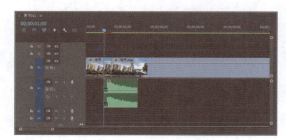

图6-47

（10）向左拖曳音频素材的出点，适当调整音频素材的持续时间，完成本例的制作，如图6-48所示。

图6-48

6.2.2 "变换"素材箱

"变换"素材箱包含5种视频效果，主要用于变换画面，如图6-49所示。下面将对同一个素材应用不同的"变换"视频效果，对比并介绍4种常用视频效果带来的效果变化，源素材效果如图6-50所示。

图6-49

图6-50

1. 垂直翻转

在素材上运用该视频效果，可以将素材沿

水平中心线翻转180°，使其上下颠倒呈现，如图6-51所示。

图6-51

2. 水平翻转

在素材上运用该视频效果，可以将素材沿垂直中心线翻转180°，使其左右翻转呈现，如图6-52所示。

图6-52

3. 羽化边缘

在素材上运用该视频效果，可以在"效果控件"面板中调节"羽化边缘"的"数量"，如图6-53所示。素材周围会产生羽化效果，如图6-54所示。

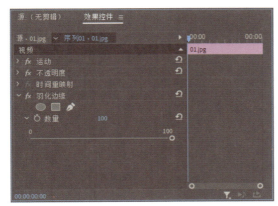

图6-53

图6-54

4. 裁剪

该视频效果用于裁剪素材。通过调节"效果控件"面板中的参数，可以从上、下、左、右4个方向裁剪素材，如图6-55和图6-56所示。

图6-55

图6-56

6.2.3 "图像控制"素材箱

"图像控制"素材箱包含4种视频效果，如图6-57所示。该类视频效果主要用于改变影片的色彩。下面将对同一个素材应用不同的"图像控制"视频效果，对比并介绍它们带来的效果变化，源素材效果如图6-58所示。

图6-57

图6-58

1. 灰色系数校正

在素材上运用该视频效果，可以在不改变素材的高亮区域和低亮区域的情况下，使素材变亮或变暗，如图6-59所示。在"效果控件"面板中可以调节"灰度系数"，如图6-60所示。

图6-59

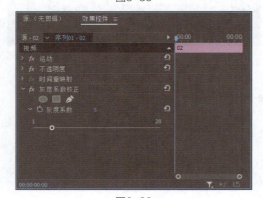

图6-60

2. 颜色替换

在素材上运用该视频效果，可以将一种颜色或某一范围内的颜色替换为其他颜色。在"效果控件"面板中可以设置目标颜色和替换颜色，以及颜色的相似性，如图6-61所示。在"效果控件"面板中单击"目标颜色"或"替换颜色"后面的小色块，可以在打开的"拾色器"对话框中选择目标颜色或替换颜色，如图6-62所示。

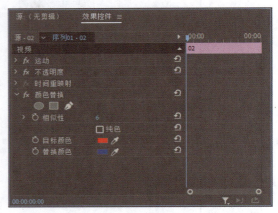

图6-61

图6-62

> **小提示**
>
> 在对素材进行颜色替换的过程中，也可以单击"效果控件"面板中的"吸管工具"按钮，在素材中"吸取"目标颜色或替换颜色。

3. 颜色过滤

在素材上运用该视频效果，可以将素材中指定的单个颜色转换成灰色，如图6-63所示。勾选"反相"复选框，即可将指定颜色以外的色彩转换为灰色。例如将素材中橙红色以外的颜色转换为灰色，效果如图6-64所示。

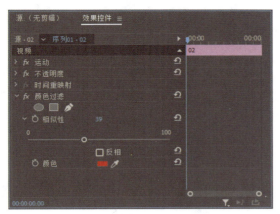

图6-63

图6-64

4. 黑白

在素材上运用该视频效果，可以直接将彩色素材转换成灰度素材，如图6-65所示。

图6-65

6.2.4　"扭曲"素材箱

"扭曲"素材箱包含12种视频效果，如图6-66所示。该类视频效果主要用于对图像进行扭曲变形。下面将对同一个素材应用不同的"扭曲"视

频效果，对比并介绍几种常用视频效果带来的效果变化，源素材效果如图6-67所示。

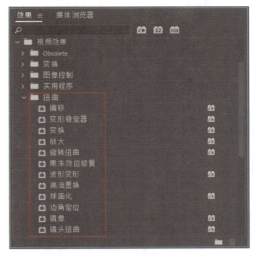

图6-66

图6-67

1. 偏移

在素材上运用该视频效果，可以在垂直方向和水平方向上移动素材，创建出平面效应。调整"将中心移位至"参数，可以垂直或水平移动素材。如果想要将偏移后的素材与原始素材混合使用，可以调整"与原始图像混合"参数，如图6-68和图6-69所示。

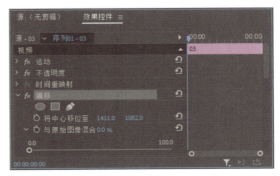

图6-68

图6-69

2. 变换

在素材上运用该视频效果，可以对素材的位置、大小、倾斜、旋转和不透明度等进行设置，如图6-70和图6-71所示。

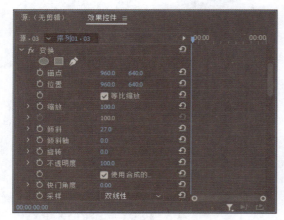

图6-70

图6-71

3. 放大

在素材上运用该视频效果，可以对图像的局部区域进行放大处理。通过设置该效果的"形状"，可以进行圆形放大或正方形放大，如图6-72和图6-73所示。

4. 旋转扭曲

在素材上运用该视频效果，可以通过效果参数调整扭曲的角度和半径，使素材呈现围绕画面中心旋转扭曲的效果，如图6-74和图6-75所示。

图6-72

图6-73

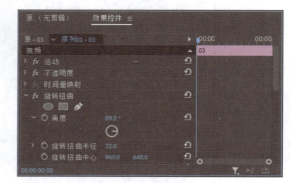

图6-74

图6-75

5. 波形变形

在素材上运用该视频效果，可以设置波形的类型、方向和速度等，制作出如同水面波浪的效果，如图6-76和图6-77所示。

图6-76

图6-77

6. 球面化

在素材上运用该视频效果，可以将平面素材转换成球面素材，如图6-78和图6-79所示。

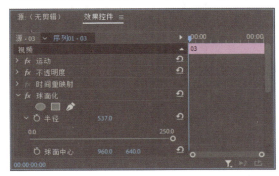

图6-78

图6-79

7. 边角定位

在素材上运用该视频效果，可以使素材的四

个角点发生位移，改变画面的透视效果。该效果中的4个参数分别代表素材四个角点的坐标值，如图6-80和图6-81所示。

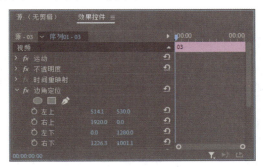

图6-80

图6-81

8. 镜像

在素材上运用该视频效果，可以将素材沿一条直线分割为两部分，并制作出镜像效果，如图6-82和图6-83所示。

图6-82

图6-83

9. 镜头扭曲

在素材上运用该视频效果，可以使素材沿垂直轴和水平轴扭曲，制作出用变形透视镜观察素材的效果，如图6-84和图6-85所示。

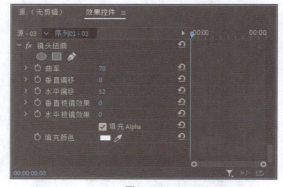

图6-84

图6-85

6.2.5 "模糊与锐化"素材箱

"模糊与锐化"素材箱中包含6种效果，如图6-86所示。该类效果主要用于调整画面的模糊和锐化效果。下面将对同一个素材应用不同的"模糊与锐化"视频效果，对比并介绍它们带来的变化，源素材效果如图6-87所示。

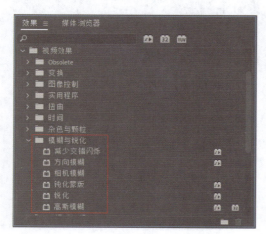

图6-86

图6-87

1. 方向模糊

在素材上运用该视频效果，可以设置画面的模糊方向和模糊长度，如图6-88和图6-89所示。

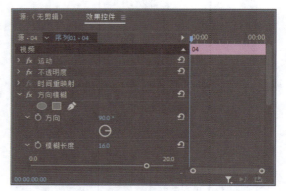

图6-88

图6-89

2. 相机模糊

在素材上运用该视频效果，可以产生画面离开相机聚焦范围时产生的"虚焦"效果，如图6-90和图6-91所示。

3. 钝化蒙版

在素材上运用该视频效果，可以调整图像的色彩锐化程度，并使相邻像素的边缘高亮显示，如图6-92和图6-93所示。

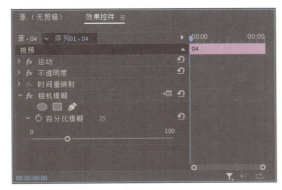

图6-90

图6-91

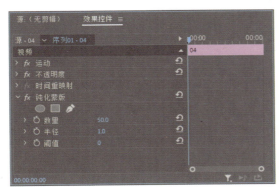

图6-92

图6-93

4. 锐化

在素材上运用该视频效果，可以通过调节其"锐化量"参数，增加相邻像素间的对比度，使图像变得更清晰，如图6-94和图6-95所示。

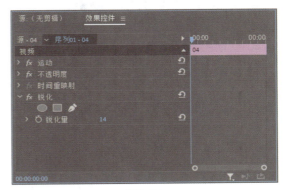

图6-94

图6-95

5. 高斯模糊

在素材上运用该视频效果，可以通过设置图像的模糊度，大幅度地模糊图像，使其产生虚化效果，如图6-96和图6-97所示。

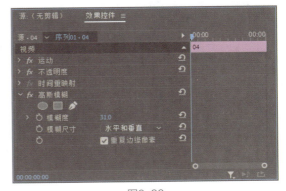

图6-96

图6-97

6.2.6 "生成"素材箱

"生成"素材箱中包含4种视频效果，如图6-98所示。该类视频效果主要用于创建一些特殊的画面效果。下面将对同一个素材应用不同的"生成"视频效果，对比并介绍它们带来的变化，源素材视频效果如图6-99所示。

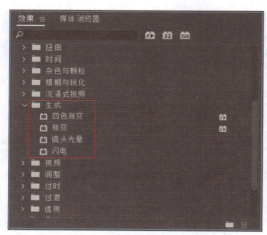

图6-98

图6-99

1. 四色渐变

该视频效果用于产生四色渐变。通过选择

4个效果点和4个颜色来定义渐变颜色。渐变由混合在一起的4个纯色环构成，每个纯色环都有一个效果点作为中心，如图6-100和图6-101所示。

图6-100

图6-101

2. 渐变

该视频效果用于在画面中创建渐变效果，通过"效果控件"面板中的参数可控制渐变的颜色，并且可以设置渐变与原始画面的混合比例，如图6-102所示。如设置从黑色到白色渐变，渐变与原始画面的混合比例为40%，效果如图6-103所示。

3. 镜头光晕

该视频效果用于在画面中创建镜头光晕，模拟强光照射进画面的效果，通过"效果控件"面板中的参数可以设置镜头光晕的中心坐标值、亮度和镜头类型等，如图6-104和图6-105所示。

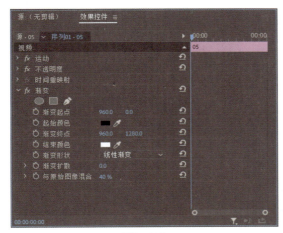

图6-102

图6-103

图6-104

图6-105

4. 闪电

该视频效果用于在画面中创建闪电效果，在"效果控件"面板中可以设置闪电的起始点和结束点以及振幅等参数，如图6-106和图6-107所示。

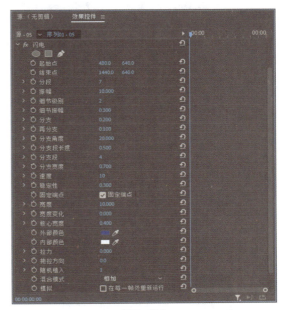

图6-106

图6-107

6.2.7 "键控"素材箱

"键控"素材箱中的视频效果用于创建各种叠加特效，包括"Alpha调整""亮度键""超级键""轨道遮罩键""颜色键"等5种键控效果，如图6-108所示。下面介绍几种常用的键控效果。

1. 亮度键

该视频效果在对明暗对比十分强烈的图像进行画面叠加时非常有用。在素材上运用该效果，可以将被叠加图像的灰度设为透明，并保持色度不变。

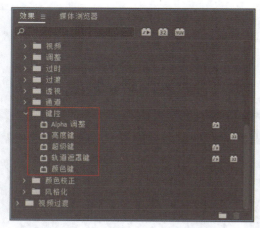

图6-108

将图6-109所示的素材放在V1轨道中，将图6-110所示的素材放在V2轨道中。对V2轨道的素材应用"亮度键"效果，设置参数如图6-111所示，得到的效果如图6-112所示。

图6-109

图6-110

图6-111

图6-112

2. 轨道遮罩键

该视频效果通过一个素材（叠加的素材）显示另一个素材（背景素材），此过程中使用额外的图像作为遮罩，在叠加的素材中创建透明区域。此效果需要两个素材和一个遮罩，每个素材位于不同的轨道中。

将图6-113所示的素材放在V1轨道中，将图6-114所示的素材放在V3轨道中，将图6-115所示的遮罩放在V2轨道中。对V2轨道的遮罩应用"轨道遮罩键"视频效果，设置"遮罩"和"合成方式"参数如图6-116所示，可以得到图6-117所示的效果。

图6-113

图6-114

图6-115

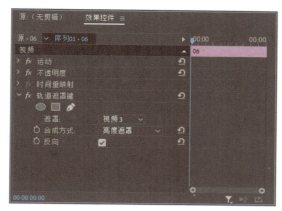

图6-116

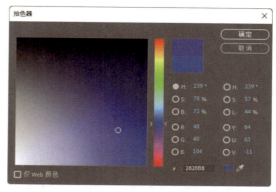

图6-119

去除素材中的颜色时，该颜色所在的区域将变成透明的。将图6-120所示的素材放在V1轨道中，将图6-121所示的素材放在V2轨道中。对V2轨道中的素材应用"颜色键"视频效果，吸取蓝色为"主要颜色"，视频效果如图6-122所示。

图6-117

3. 颜色键

该视频效果用于去除所有颜色类似于指定的"主要颜色"的图像像素。此效果仅修改素材的Alpha通道。在该效果的参数设置中，可以通过调整"颜色容差"控制透明颜色的范围，也可以对透明区域的边缘进行羽化，以便创建透明区域和不透明区域之间的平滑过渡，如图6-118所示。单击"主要颜色"选项右方的小色块，可以打开"拾色器"对话框，对需要指定的颜色进行设置，如图6-119所示。

图6-120

图6-121

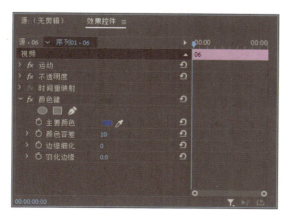

图6-118

图6-122

6.2.8 "颜色校正"素材箱

"颜色校正"素材箱中包含6种视频效果，如图6-123所示。该类效果主要用于校正画面的色彩。下面将对同一个素材应用不同的"颜色校正"视频效果，对比并介绍其中2种常用视频效果带来的变化，源素材效果如图6-124所示。

图6-123

图6-124

1. Brightness & Contrast

该视频效果用于调整素材的亮度和对比度，同时调整所有像素的亮部、暗部和中间色，如图6-125和图6-126所示。

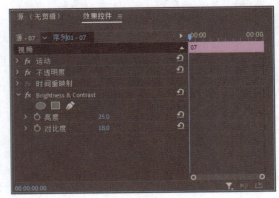

图6-125

图6-126

2. 颜色平衡

该视频效果主要通过阴影颜色平衡、中间调颜色平衡和高光颜色平衡参数调整素材的色彩，如图6-127和图6-128所示。

图6-127

图6-128

6.2.9 "风格化"素材箱

"风格化"素材箱中包含9种视频效果，如图6-129所示。该类视频效果主要用于在素材上制作发光、浮雕、马赛克、纹理等效果。下面将对同一个素材应用不同的"风格化"视频效果，对比并介绍其中常用的5种视频效果带来的变化，源素材视频效果如图6-130所示。

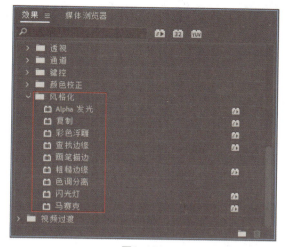

图6-129

图6-132

2. 彩色浮雕

在素材上运用该视频效果，可以使画面产生浮雕效果，同时不影响画面的初始色彩，如图6-133和图6-134所示。

图6-130

1. 复制

在素材上运用该视频效果，可将整个画面分成若干区域，每个区域都将显示完整的画面效果，如图6-131和图6-132所示。

图6-133

图6-131

图6-134

3. 查找边缘

在素材上运用该效果，可以用线条对图像的边缘进行勾勒，如图6-135和图6-136所示。

图6-135

格都用本格内所有颜色的平均色重新填充，如图6-139和图6-140所示。

图6-138

图6-136

4. 画笔描边

在素材上运用该视频效果，可以使画面产生粗糙的绘画边沿效果，因此可以使用该视频效果实现点彩画样式，如图6-137和图6-138所示。

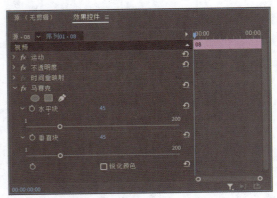

图6-139

图6-137

图6-140

5. 马赛克

在素材上运用该效果，可以在画面上产生马赛克效果。其原理是将画面分成若干网格，每一

课后习题

通过对本章的学习，读者应对视频效果有了深入的了解，灵活掌握其使用方法，可以制作出各式各样的视频效果。

课后习题：夜幕下的探照灯

效果文件位置	源文件>CH06>习题01
素材文件位置	源文件>CH06>习题01
技术掌握	"光照效果"视频效果的添加与设置

夜幕下的探照灯

本习题主要使用"光照效果"制作夜幕下的探照灯，如图6-141所示。

图6-141

（1）新建一个名为"夜幕下的探照灯"的项目，然后在"项目"面板中导入素材，如图6-142所示。

图6-142

（2）新建一个序列，将"项目"面板中的素材添加到"时间轴"面板的V1轨道中，如图6-143所示。

（3）在"节目"监视器面板中对素材进行预览，效果如图6-144所示。

图6-143

图6-144

（4）在"效果"面板中展开"视频效果>调整"素材箱，选择"光照效果"效果，如图6-145所示。

图6-145

（5）将选择的视频效果拖曳到"时间轴"面板中的素材上，在"效果控件"面板中设置效果参数，如图6-146所示。

（6）在"节目"监视器面板中预览添加效果后的影片，如图6-147所示。

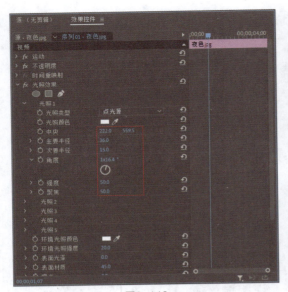

图6-146

图6-147

课后习题：秋色

效果文件位置	源文件>CH06>习题02	
素材文件位置	源文件>CH06>习题02	秋色
技术掌握	"颜色平衡"视频效果的添加与设置	

本习题将对素材应用"颜色平衡"效果，通过设置"颜色平衡"参数制作秋天景色的效果，如图6-148所示。

（1）新建一个名为"秋色"的项目文件，然后在"项目"面板中导入素材，如图6-149所示。

图6-148

图6-149

（2）新建一个序列，将"秋色.jpg"素材添加到序列V1轨道中，如图6-150所示。

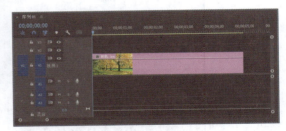

图6-150

（3）在"节目"监视器面板中预览素材效果，如图6-151所示。

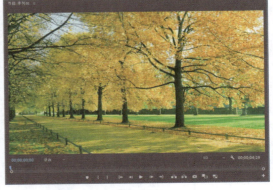

图6-151

（4）在"效果"面板中选择"视频效果>颜色校正>颜色平衡"效果，然后将该效果添加到V1轨道中的"秋色.jpg"素材上，如图6-152所示。

图6-152

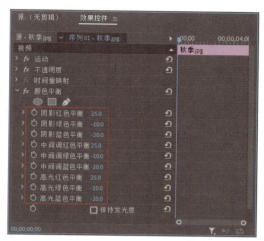

图6-153

（5）选择V1轨道中的"秋色.jpg"素材，在"效果控件"面板中展开"颜色平衡"选项组，然后设置"颜色平衡"参数，如图6-153所示。

（6）在"节目"监视器面板中预览编辑好的影片效果，如图6-154所示。

图6-154

第7章 设计文字与图形

本章导读

文字与图形是影视制作中重要的信息表现元素。本章将针对文字和图形的创建方法及其应用进行详细讲解。

本章学习要点

- 创建文字
- 创建图形
- 预设文字和图形

7.1 创建文字

影视的片头和片尾通常会用到文字效果，以使影片显得更为完整。在Premiere Pro 2024中可以创建具有描边、阴影等效果的文字。

7.1.1 课堂案例：开场文字

效果文件位置	源文件>CH07>开场文字	
素材文件位置	源文件>CH07>开场文字	开场文字
技术掌握	文字的创建与属性设置	

本例将通过创建开场文字效果，介绍创建文字和设置文字属性的方法。本例效果如图7-1所示。

图7-1

（1）选择"文件>新建>项目"命令，新建一个名为"开场文字"的项目文件，如图7-2

所示。

图7-2

（2）选择"文件>导入"命令，打开"导入"对话框，如图7-3所示。将所需素材导入"项目"面板中，如图7-4所示。

图7-3

（3）新建一个序列，在"新建序列"对话框的"设置"选项卡中设置"编辑模式"为"HDV 720p"，如图7-5所示。

图7-4

图7-7

图7-8

（6）在"节目"监视器面板中单击以指定创建文字的位置，然后输入文字，如图7-9所示。在V2轨道中将生成创建的文字图形，如图7-10所示。

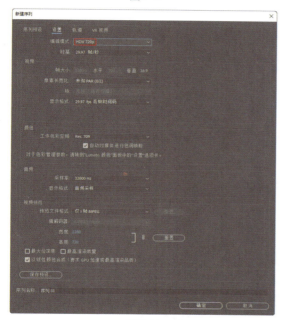

图7-5

（4）将"项目"面板中的素材添加到V1轨道中，如图7-6所示。在"节目"监视器面板中的预览效果如图7-7所示。

图7-9

图7-6

（5）在"工具"面板中单击"文字工具"按钮 **T**，如图7-8所示。

图7-10

（7）选择V2轨道中的文字图形，然后选择"窗口>基本图形"命令，打开"基本图形"面板，选择"编辑"选项卡，在文字列表中选中创建的文字，如图7-11所示。

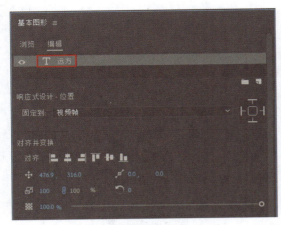

图7-11

（8）在"文本"选项组中的"字体"下拉列表中选择文字的字体，如图7-12所示。

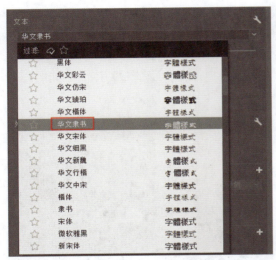

图7-12

（9）在"文本"选项组的"字体大小"文本框中设置文字的大小，或拖曳右侧的滑块调整文字的大小，如图7-13所示。

图7-13

（10）在"外观"选项组中单击"填充"选项的色块，如图7-14所示。然后在打开的"拾色器"对话框中设置文本的填充颜色为橘红色，

如图7-15所示。

图7-14

图7-15

（11）在"外观"选项组中勾选"描边"复选框，然后设置描边宽度为5，如图7-16所示。

图7-16

（12）单击"描边"选项的色块，在打开的"拾色器"对话框中设置描边的颜色为白色，如图7-17所示。

（13）在"外观"选项组中单击"描边"选项右方的加号按钮，为文本添加一个描边，设置描边的颜色为橘黄色、描边的宽度为8，如图7-18所示。

图7-17

图7-18

（14）在"节目"监视器面板中预览设置的文字，效果如图7-19所示。

图7-19

（15）在"外观"选项组中勾选"阴影"复选框，然后设置阴影的不透明度、角度、距离、大小和模糊等参数，如图7-20所示。

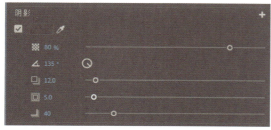

图7-20

（16）在"节目"监视器面板中预览设置好阴影的文字，效果如图7-21所示。

图7-21

（17）使用"文字工具"继续在当前文字的下方创建一行新文字，如图7-22所示。设置该文字的填充颜色为淡黄色，字体和大小如图7-23所示。

图7-22

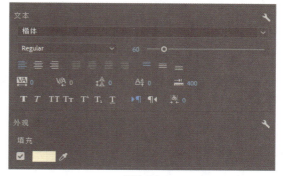

图7-23

（18）在"时间轴"面板中将时间指示器移到第0秒的位置，如图7-24所示。

图7-24

（19）在"基本图形"面板中选中"远方"文字，然后单击"切换动画的不透明度"按钮，启用不透明度变换效果，并设置"不透明度"值为0%，如图7-25所示。

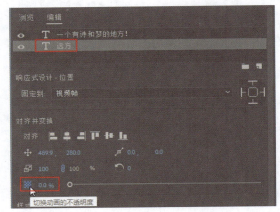

图7-25

（20）在"时间轴"面板中将时间指示器移到第1秒的位置，如图7-26所示。

图7-26

（21）在"基本图形"面板中设置"不透明度"值为100%，如图7-27所示。

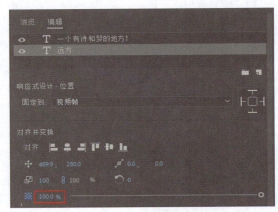

图7-27

（22）在"节目"监视器面板中单击"播放-停止切换"按钮，可以预览文字逐渐显现的

效果，如图7-28所示。

图7-28

（23）在"时间轴"面板中将时间指示器移到第1秒20帧的位置，如图7-29所示。

图7-29

（24）在"基本图形"面板中选中上方的文字，然后单击"切换动画的比例"按钮，启用缩放变换效果，并设置"缩放"值为0，如图7-30所示。

图7-30

（25）在"时间轴"面板中将时间指示器移到第2秒20帧的位置，如图7-31所示。

图7-31

（26）在"基本图形"面板中设置"缩放"值为100，如图7-32所示。

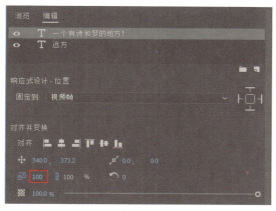

图7-32

（27）在"节目"监视器面板中单击"播放-停止切换"按钮，可以预览到文字的缩放效果为文字从左端向右端逐渐变大，如图7-33所示。

图7-33

（28）在"节目"监视器面板中选择文字锚点，如图7-34所示。将文字锚点由文字左下端拖到文字的中心位置，如图7-35所示。

图7-34

图7-35

（29）在"节目"监视器面板中单击"播放-停止切换"按钮，可以预览到文字的缩放效果变为文字从中心逐渐变大。至此，完成本例的制作，如图7-36所示。

图7-36

7.1.2　新建文本图层

在Premiere Pro 2024中可以使用菜单命令和文字工具两种方式来创建文本图层。

1. 使用菜单命令

在"时间轴"面板中选择要创建文本的序列，然后选择"图形和标题>新建图层"命令，在弹出的级联菜单中选择"文本"或"直排文本"命令，即可在视频轨道中创建一个文本图层，如图7-37和图7-38所示。

图7-37

图7-38

在"节目"监视器面板中可以预览创建的文本图层效果，如图7-39所示。在文本框处于激活状态时，可以重新输入文字，修改文本的内容，如图7-40所示。

图7-39

图7-40

2. 使用文字工具

在"工具"面板中单击"文字工具"按钮 $\boxed{T}$，如图7-41所示。然后在"节目"监视器面板中单击，指定输入文本的位置，如图7-42所示。指定输入文本的位置后，用户可以直接在"节目"监视器面板中输入文本内容，创建一个文本对象，如图7-43所示。

图7-41

图7-42

图7-43

小提示

选择"图形和标题>新建图层>直排文本"命令，或在"工具"面板中的"文字工具"按钮 $\boxed{T}$ 上按住鼠标左键，在展开的文字工具组中选择"垂直文字工具"，可以创建垂直文本对象，如图7-44和图7-45所示。

图7-44

图7-45

7.1.3 设置文本格式

创建好文本后，可以在"基本图形"面板的"编辑"选项卡中对文本的格式进行设置，如字体、字体大小、对齐方式、间距、字形等基本属性。

1. 设置文本字体和大小

在"基本图形"面板中选择"编辑"选项卡，然后在"文本"选项组中设置文本的字体，单击"字体"下拉列表框，在弹出的下拉列表中可以选择所需字体，如图7-46所示；在"字体大小"文本框中输入大小，或是拖曳右方的滑块，可以设置被选文字的大小，如图7-47所示。

图7-46

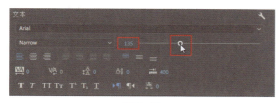

图7-47

2. 设置文本对齐方式

使用"文本"选项组中的对齐工具，可以设置文本内容在文本框中的对齐方式，如左对齐、居中对齐、右对齐等，如图7-48所示。

图7-48

● **左对齐文本**■：使文本内容在文本框中靠左端对齐，如图7-49所示。

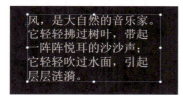

图7-49

● **居中对齐文本**■：使文本内容在文本框中居中对齐，如图7-50所示。

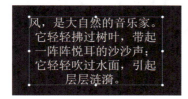

图7-50

● **右对齐文本**■：使文本内容在文本框中靠右端对齐，如图7-51所示。

图7-51

● **最后一行左对齐**■：使文本最后一行在文本框中靠左端对齐。

● **最后一行居中对齐**■：使文本最后一行在文本框中居中对齐。

● **最后一行两端对齐**■：使文本最后一行在文本框中两端对齐。

● **最后一行右对齐**■：使文本最后一行在文本框中靠右端对齐。

● **顶对齐文本**■：使文本内容在文本框中靠顶端对齐。

● **居中对齐文本垂直**■：使文本内容在文本框中垂直居中对齐。

● **底对齐文本**■：使文本内容在文本框中靠底端对齐。

3. 设置文本间距

使用"文本"选项组中的间距工具，可以设置文本之间的距离，如字距、行距、基线位移等，如图7-52所示。

图7-52

● **字距调整**■：用于设置被选文字的字距。图7-53所示是设置字距为400的效果。

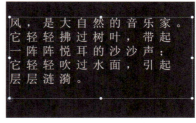

图7-53

● **字偶间距**■：根据相邻字符的形状调整它们的间距，适用于罗马文字。

● **行距**■：用于调整被选文字的行距。图7-54所示是设置行距为20的效果。

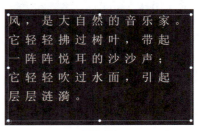

图7-54

- **基线位移**：用于调整被选文字的基线。
- **制表符宽度**：制表符用于设置对齐文本的位置。每按一次Tab键，就会插入一个制表符，其宽度默认为400。

4. 设置文本字形

使用"文本"选项组中的字形工具，可以设置文本的字形，如加粗、斜体、字母大写等，如图7-55所示。

图7-55

- **仿粗体**：用于设置被选文字是否加粗。图7-56所示是文字加粗效果。

图7-56

- **仿斜体**：用于设置被选文字是否倾斜。图7-57所示是文字倾斜效果。

图7-57

- **全部大写字母**：将被选的英文都改为大写，如图7-58所示。

图7-58

- **小型大写字母**：配合"全部大写字母"按钮使用，调整转换后的大写字母的大小，如图7-59所示。

图7-59

- **上标**：将被选文字设置为上标形式，如图7-60所示的"设置"文字。

图7-60

- **下标**：将被选文字设置为下标形式，如图7-61所示的"设置"文字。

图7-61

- **下画线**：为被选文字添加下画线，如图7-62所示的"设置"文字。

图7-62

7.1.4　设置文本外观

在"基本图形"面板的"外观"选项组中可以设置文本的填充颜色、描边效果、背景效果、阴影效果等，如图7-63所示。

图7-63

1. 设置文本填充颜色

单击"填充"选项的色块，打开"拾色器"对话框，可以设置所选文本的填充颜色，如图7-64所示。

图7-64

在"拾色器"对话框的左上角单击"填充选项"下拉列表框，可以在弹出的下拉列表中选择填充文本的方式，包括"实底""线性渐变""径向渐变"3种方式，如图7-65所示。图7-66所示是使用这3种方式对文本进行填充的效果。

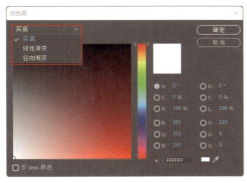

图7-65

图7-66

2. 设置文本描边效果

"描边"选项用于为文字添加描边，可以设置文字的内描边和外描边。勾选"描边"复选框，即可进行文本的描边设置。

进行文本的描边设置时，可以执行以下操作。

● 单击色块或"吸管工具"按钮 ，可以设置描边的颜色。

● 单击"描边宽度"值，可以在激活的文本框中设置描边的宽度，如图7-67所示。

图7-67

● 单击右侧的"描边方式"下拉列表框，可以在弹出的下拉列表中选择描边方式。Premiere提供了"外侧""内侧""中心"3种描边方式，如图7-68所示。

图7-68

● 单击右上方的加号按钮 ，可以为文本图层添加一个描边，如图7-69所示。图7-70所示是为文本添加多个描边的效果。

图7-69

图7-70

 小提示

为文本添加多个描边后，"描边"选项的右侧将出现一个减号按钮 ，单击该按钮，可以删除最后添加的描边。

3. 设置文本背景效果

勾选"背景"复选框，可以在出现的选项中对文本的背景进行设置，包括背景的不透明度、背景的大小和背景的角半径等，如图7-71所示。图7-72所示是为文本添加圆角背景的效果。

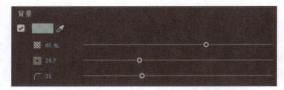

图7-71

图7-72

4. 设置文本阴影效果

勾选"阴影"复选框，可以在出现的选项中对文本的阴影进行设置，包括阴影的不透明度、角度、距离、大小和模糊度等参数，如图7-73所示。图7-74所示是为文本添加阴影的效果。

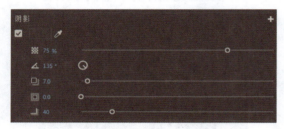

图7-73

图7-74

7.1.5 设置文本变换效果

在"对齐并变换"选项组中可以通过相应选项设置切换动画的位置、锚点、比例、旋转和不透明度等，如图7-75所示。

图7-75

- 切换动画的位置 ■：用于开启文本的位置动画功能。
- 切换动画的锚点 ■：用于开启文本的锚点动画功能，通常配合旋转操作进行设置。
- 切换动画的比例 ■：用于开启文本的缩放动画功能。关闭"设置缩放锁定"功能后，可以对文本的高度或宽度进行单独缩放。
- 切换动画的旋转 ■：用于开启文本的旋转动画功能。
- 切换动画的不透明度 ■：用于开启文本的不透明度动画功能。

7.2 创建图形

在Premiere中可以创建并编辑图形，如线、椭圆形和多边形等。本节将介绍图形的创建与编辑方法。

7.2.1 课堂案例：爱心气球

效果文件位置	源文件>CH07>爱心气球	
素材文件位置	源文件>CH07>爱心气球	爱心气球
技术掌握	掌握图形的绘制与编辑方法	

本例将通过绘制爱心图形，介绍图形的绘制与编辑操作。本例的最终效果如图7-76所示。

图7-76

（1）选择"文件>新建>项目"命令，新建一个名为"爱心气球"的项目文件，如图7-77所示。

图7-77

（2）选择"文件>导入"命令，打开"导入"对话框，如图7-78所示。将所需素材导入"项目"面板中，如图7-79所示。

图7-78

图7-79

（3）选择"文件>新建>序列"命令，打开"新建序列"对话框，新建一个序列，如图7-80所示。

（4）将"项目"面板中的"背景.jpg"素材添加到V1轨道中，如图7-81所示。在"节目"监视器面板中的预览效果如图7-82所示。

图7-80

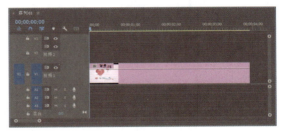

图7-81

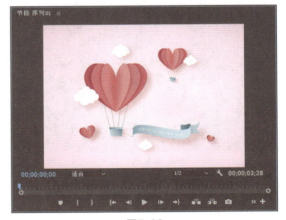

图7-82

（5）将"项目"面板中的"爱心气球.jpg"素材添加到V2轨道中，如图7-83所示。在"节目"监视器面板中的预览效果如图7-84所示。

图7-83

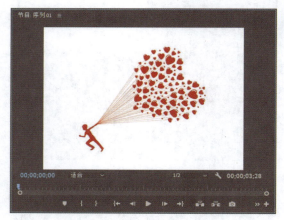

图7-84

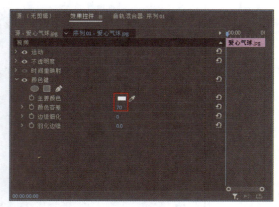

图7-86

图7-87

（6）打开"效果"面板，展开"视频效果>键控"素材箱，将"颜色键"效果添加到V2轨道中的"爱心气球.jpg"素材上，如图7-85所示。

图7-85

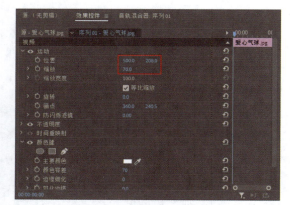

图7-88

图7-89

（7）打开"效果控件"面板，展开"颜色键"选项组，设置"主要颜色"为白色、"颜色容差"为70，如图7-86所示。设置后的预览效果如图7-87所示。

（8）展开"运动"选项组，设置"位置"坐标值为（500，208），设置"缩放"值为70，如图7-88所示。设置后的预览效果如图7-89所示。

（9）单击"工具"面板中的"钢笔工具"按钮，参照背景中的爱心图形绘制一个粗略的爱心图形，如图7-90所示。绘制的图形将自动生成在"时间轴"面板的V3轨道中，如图7-91所示。

图7-90

图7-91

（10）按住Alt键，同时按住鼠标左键并拖曳路径上的锚点，可以将角点转换成曲线点，如图7-92所示。

图7-92

（11）继续将其他角点转换成曲线点，并调整爱心的形状，效果如图7-93所示。

图7-93

（12）打开"基本图形"面板，在"外观"选项组中勾选"填充"复选框，如图7-94所示。

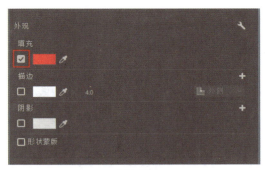

图7-94

（13）单击"填充"选项的色块，打开"拾色器"对话框，在"填充选项"下拉列表中选择"径向渐变"选项，如图7-95所示。

图7-95

（14）在"颜色"渐变条中，双击左边的色标，设置此色标颜色为（R:230，G:116，B:142），如图7-96所示。双击右边的色标，设置此色标颜色为（R:139，G:49，B:75），如图7-97所示。

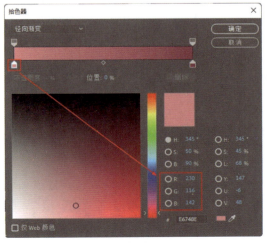

图7-96

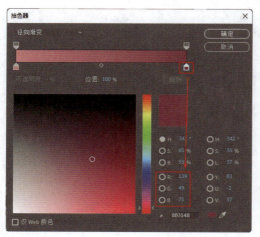

图7-97

图7-100

（15）在"拾色器"对话框中设置好径向渐变填充后，单击"确定"按钮 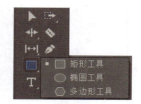，在"节目"监视器面板中对径向渐变填充进行预览，效果如图7-98所示。

图7-98

（16）在"外观"选项组中勾选"阴影"复选框，设置阴影颜色为白色，然后设置其他参数，如图7-99所示。在"节目"监视器面板中预览本例完成的效果，如图7-100所示。

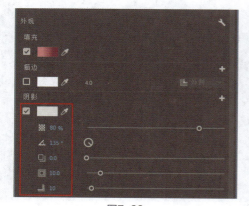

图7-99

7.2.2 绘制图形

使用"工具"面板中的"矩形工具""椭圆工具""多边形工具"可以绘制相应的规则图形，使用"钢笔工具"则可以绘制不规则图形。默认情况下，在"矩形工具"按钮■上按住鼠标左键，可以显示"椭圆工具"和"多边形工具"，如图7-101所示。

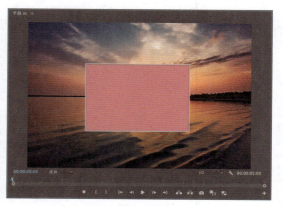

图7-101

1. "矩形工具"

在"工具"面板中单击"矩形工具"按钮■，即可在"节目"监视器面板中绘制矩形，如图7-102所示。创建的图形素材将自动生成在"时间轴"面板的空轨道中。

图7-102

如果要创建正方形，需要在单击"矩形工具"按钮后，按住Shift键，同时在"节目"监视器面板中按住鼠标左键并拖曳。

2."椭圆工具"

在"工具"面板中单击"椭圆工具"按钮，即可在"节目"监视器面板中绘制椭圆形，如图7-103所示。单击"椭圆工具"按钮后，按住Shift键，同时在"节目"监视器面板中按住鼠标左键并拖曳，可以绘制圆形，如图7-104所示。

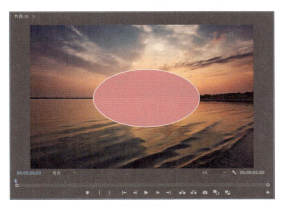

图7-103

图7-104

3."多边形工具"

在"工具"面板中单击"多边形工具"按钮，即可在"节目"监视器面板中绘制多边形，如图7-105所示。

图7-105

使用"多边形工具"绘制图形时，默认情况下绘制的图形为三角形。如果要绘制其他多边形，可以打开"基本图形"面板，在"对齐并变换"选项组中修改多边形的边数，如图7-106所示。图7-107所示是八边形的效果。

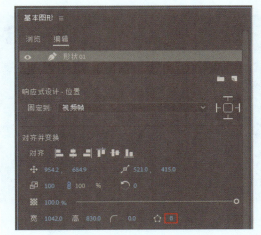

图7-106

图7-107

4."钢笔工具"

使用"钢笔工具"可以在"节目"监视器面板中绘制不规则图形。单击"钢笔工具"按钮，然后在"节目监视器"面板中单击以指定图形顶点，即可绘制图形，如图7-108所示。绘制图形时，按住鼠标左键并拖曳锚点，可以绘制平滑的曲线，如图7-109所示。

图7-108

图7-109

7.2.3　设置图形色彩

创建一个图形后，可以在"基本图形"面板的"外观"选项组中设置图形填充颜色、描边和阴影等。

1. 设置图形填充颜色

在"基本图形"面板的"外观"选项组中勾选"填充"复选框，即可为图形填充颜色，如图7-110所示。单击"填充"选项的色块，打开"拾色器"对话框，在该对话框中可以设置图形的填充颜色。在"填充选项"下拉列表中可以选择填充颜色的方式，包括"实底""线性渐变""径向渐变"3种填充方式，如图7-111所示。

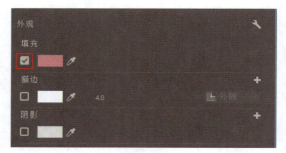

图7-110

图7-111

2. 设置图形描边

在"外观"选项组中勾选"描边"复选框，可以对图形进行描边。单击"描边"选项的色块，可以在打开的"拾色器"对话框中设置描边颜色，单击"描边宽度"值，可以在出现的文本框中输入描边的宽度，如图7-112所示。在"描边"选项右方的下拉列表中可以设置描边的位置，包括"外侧""内侧""中心"3种位置，如图7-113所示。

图7-112

图7-113

单击"描边"选项右侧的"向此图层添加描边"按钮 ➕，可以增加一个描边效果，如图7-114所示；单击"移除此描边"按钮 ➖，可以移除最后一个描边效果。

图7-114

3. 设置图形阴影

在"外观"选项组中勾选"阴影"复选框，可以为图形添加阴影效果。勾选"阴影"复选框后，"阴影"选项中将出现与设置阴影相关的参数，如不透明度、角度、距离、大小、模糊等，如图7-115所示。

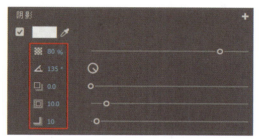

图7-115

7.3 预设文字和图形

在"基本图形"面板中，用户可以直接调用预设的文字和图形，从而提高影片的编辑效率。

7.3.1 课堂案例：游戏播放界面

效果文件位置	源文件>CH07>游戏播放界面	游戏播放界面
素材文件位置	源文件>CH07>游戏播放界面	
技术掌握	调用和修改预设的文字和图形	

本例将通过创建"游戏播放界面.mp4"视频，介绍调用和修改预设的文字和图形的方法。本例效果如图7-116所示。

图7-116

（1）选择"文件>新建>项目"命令，新建一个名为"游戏播放界面"的项目文件，如图7-117所示。

图7-117

（2）选择"文件>新建>序列"命令，打开"新建序列"对话框，新建一个序列，如图7-118所示。

图7-118

（3）将"国际象棋.jpg"素材导入"项目"面板中，如图7-119所示。然后将其添加到"时间轴"面板的V1轨道中，如图7-120所示。

图7-119

图7-122

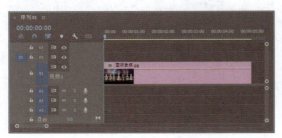

图7-120

图7-123

（4）选择"窗口>工作区>字幕和图形"命令（见图7-121），切换到"字幕和图形"工作区。

图7-121

图7-124

（8）在V2轨道中的素材上单击鼠标右键，在弹出的快捷菜单中选择"缩放为帧大小"命令，如图7-125所示。在"节目"监视器面板中对影片进行预览，效果如图7-126所示。

（5）在"基本图形"面板中选择"浏览"选项卡，然后选择"游戏下方三分之一靠右"预设图形，如图7-122所示。

（6）将"游戏下方三分之一靠右"预设图形拖曳到"时间轴"面板的V2轨道中，如图7-123所示。

（7）在"时间轴"面板中向左拖曳预设图形的出点，使其与V1轨道中素材的出点对齐，如图7-124所示。

图7-125

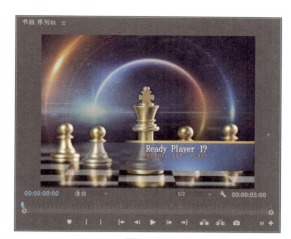

图7-126

（9）在"基本图形"面板中选择"编辑"选项卡，然后修改标题和字幕文字，如图7-127所示。在"节目"监视器面板中对本例完成的效果进行预览，如图7-128所示。

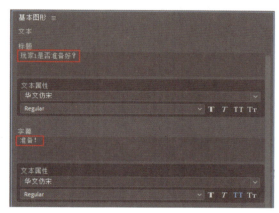

图7-127

图7-128

7.3.2　应用预设文字和图形

选择"窗口>基本图形"命令，打开"基本图形"面板，"浏览"选项卡中存放着一些预设的文字和图形，如图7-129所示。将预设的文字和图形（如"影片标题"）拖曳到"时间轴"面板的视频轨道中，可以应用该预设文字和图形。在"节目"监视器面板中可以对预设文字和图形进行编辑，如图7-130所示。

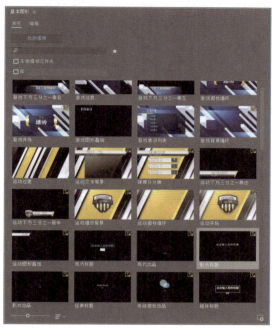

图7-129

图7-130

单击"工具"面板中的"文字工具"按钮 **T**，再选择预设图形中的文字，重新输入文字，可以对文字内容进行修改，如图7-131所示。也可以在"基本图形"面板中选择"编辑"选项卡，对文字内容进行详细设置，如图7-132所示。

本习题将创建"印象"文字效果，帮助读者掌握文字的创建与设置方法。本习题最终效果如图7-133所示。

图7-131

图7-133

（1）新建一个名为"印象"的项目文件，导入所需素材，如图7-134所示。

图7-132

图7-134

7.4　课后习题

通过对本章的学习，读者应该对文字和图形有深入的了解，灵活掌握其使用方法，可以制作各种文字和图形效果。

课后习题：印象

效果文件位置	源文件>CH07>习题01
素材文件位置	源文件>CH07>习题01
技术掌握	掌握文字的创建与设置方法

（2）新建一个序列，将"项目"面板中的素材添加到"时间轴"面板的V1轨道中，并将素材的持续时间设为5秒，如图7-135所示。

图7-135

（3）在"工具"面板中单击"垂直文字工具"按钮，在"节目"监视器面板中单击以指定创建文字的位置，然后输入文字"成都"，如

图7-136所示。在"基本图形"面板中设置文字字体为"华文中宋"，填充颜色为白色、描边颜色为暗红色，如图7-137所示。

图7-136

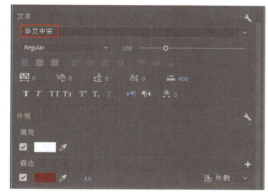

图7-137

（4）继续创建文字"印象"，如图7-138所示。设置文字字体为"华文行楷"，填充颜色为暗红色，描边颜色为白色，完成本例的制作，如图7-139所示。

图7-138

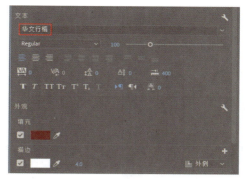

图7-139

课后习题：片尾滚动字幕

效果文件位置	源文件>CH07>习题02	
素材文件位置	源文件>CH07>习题02	片尾滚动字幕
技术掌握	掌握文字变换属性的应用方法	

本习题将通过制作"片尾滚动字幕"效果，帮助读者掌握文字变换属性的应用方法，如图7-140所示。

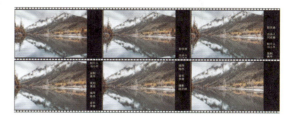

图7-140

（1）新建一个名为"片尾滚动字幕"的项目，然后导入"风景.mp4"素材，如图7-141所示。

图7-141

（2）新建一个序列，将"项目"面板中的素材添加到V1轨道中，如图7-142所示。在"节目"监视器面板中的预览效果如图7-143所示。

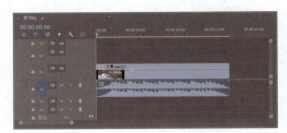

图7-142

图7-143

（3）选择V1轨道中的素材，打开"效果控件"面板，设置"位置"坐标值为（720，540），"缩放"值为84，如图7-144所示。在"节目"监视器面板中的预览效果如图7-145所示。

图7-144

（4）在"工具"面板中单击"文字工具"按钮，然后在"节目"监视器面板中单击以

指定创建文字的位置，再输入文字，如图7-146所示。

图7-145

图7-146

（5）打开"基本图形"面板，在"编辑"选项卡中设置文字的字体、大小和填充颜色，如图7-147所示。

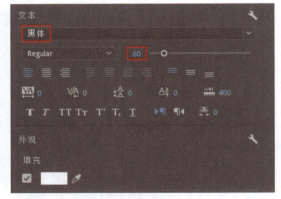

图7-147

（6）将时间指示器移到第0秒的位置，然后在"基本图形"面板中选中文字，单击"切换动

画的位置"按钮，开启位置动画效果，并设置"位置"坐标值为（1600，1200），如图7-148所示。

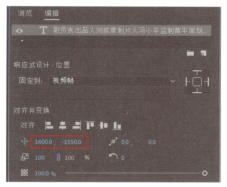

图7-149

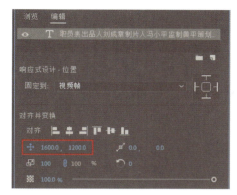

图7-148

（7）将时间指示器移到第16秒的位置，然后在"基本图形"面板中设置文字的"位置"坐标值为（1600，−1550），如图7-149所示。

（8）在"节目"监视器面板中单击"播放-停止切换"按钮，可以预览创建的字幕效果，完成本习题的制作，如图7-150所示。

图7-150

第**8**章 编辑音频

本章导读

音频是影视作品中不可缺少的元素。添加和编辑音频，可以更加充分地表现影片的内容。本章将针对音频基础、音频添加和编辑等知识进行详细讲解。

本章学习要点

- 添加和编辑音频
- 音频效果
- 音轨混合器

8.1 添加和编辑音频

在Premiere的"时间轴"面板中可以进行音频编辑。本节将讲解如何为影片添加和编辑音频，以及音频的基础知识。

8.1.1 课堂案例：音乐相册

效果文件位置	源文件>CH08>音乐相册
素材文件位置	源文件>CH08>音乐相册
技术掌握	添加和编辑音频

本例将通过创建"音乐相册.mp4"，介绍为影片添加和编辑音频的操作。本例效果如图8-1所示。

图8-1

（1）启动Premiere Pro 2024应用程序，新建一个名为"音乐相册"的项目，如图8-2所示。

图8-2

（2）选择"文件>导入"命令，打开"导入"对话框，如图8-3所示。将所需素材导入"项目"面板中，如图8-4所示。

图8-3

（3）选择"文件>新建>序列"命令，打开"新建序列"对话框，新建一个序列，如图8-5所示。

图8-4

图8-5

（4）将"项目"面板中的视频素材"相册.mp4"添加到"时间轴"面板的V1轨道中，如图8-6所示。

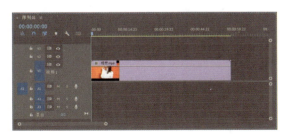

图8-6

（5）将"项目"面板中的音频素材"音乐相册配乐.mp3"添加到"时间轴"面板的A1轨道中，如图8-7所示。

图8-7

（6）将时间指示器移到第57秒15帧，用"剃刀工具"对音频素材进行切割，如图8-8所示。选中被切割音频素材的后半段，按Delete键将其删除，如图8-9所示。

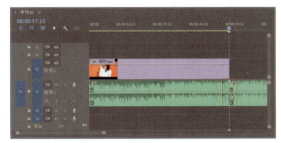

图8-8

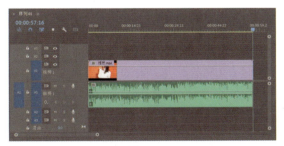

图8-9

（7）展开A1轨道，在第0秒和第2秒分别单击"添加-移除关键帧"按钮 ◆，为音频素材添加两个关键帧，如图8-10所示。

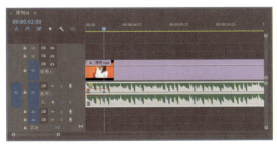

图8-10

（8）将第0秒的关键帧向下拖曳到最底端，将其音量调整到最低，制作声音淡入效果，如图8-11所示。

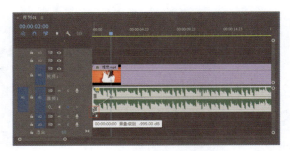

图8-11

（9）在第55秒和音频素材出点处分别单击
"添加-移除关键帧"按钮 ◆，为音频素材添加
两个关键帧，如图8-12所示。

图8-12

（10）将出点的关键帧向下拖曳到最底端，将
其音量调整到最低，制作声音淡出效果，如图8-13
所示。

图8-13

（11）在"节目"监视器面板中单击"播放-
停止切换"按钮 ▶，对影片进行预览，效果如
图8-14所示。

图8-14

8.1.2　Premiere的音频声道

Premiere中有3种音频声道：单声道、立体
声和5.1声道。3种音频声道的特点如下。

● 单声道：只包含一个声道，是比较原始的
音频声道。

● 立体声：包含左、右两个声道。立体声改
变了以往单声道无法定位声音位置的问题，通过
在录制过程中将声音分配到两个独立的声道，实
现了精准的声音定位效果。

● 5.1声道：5.1声道与4.1声道的不同之处
在于它增加了一个中置单元，以增强整体效果。

选中音频素材，选择"剪辑>修改>音频声
道"命令。在打开的"修改剪辑"对话框中打开
"剪辑声道格式"下拉列表，在其中选择一种音
频声道，如图8-15所示。对于修改音频声道后
的音频素材，在"项目"面板中可以看到其音频
声道信息发生改变，如图8-16所示。

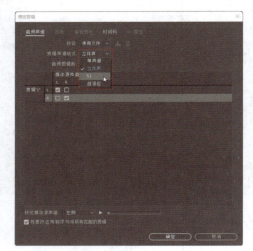

图8-15

图8-16

8.1.3　添加和删除音频轨道

选择"序列>添加轨道"命令，在打开的"添加轨道"对话框中可以设置添加的音频轨道的数量。在"音频轨道"选项组中打开"轨道类型"下拉列表，在其中可以选择添加的音频轨道类型，如图8-17所示。选择"序列>删除轨道"命令，在打开的"删除轨道"对话框中可以删除音频轨道。在"音频轨道"选项组中打开下拉列表，在其中可以选择要删除的音频轨道，如图8-18所示。

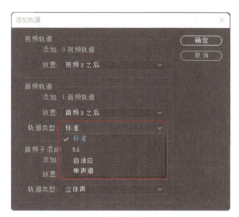

图8-17

图8-18

8.1.4　在影片中添加音频

将视频素材编辑好以后，通过将音频素材添加到"时间轴"面板的音频轨道中，即可为影片添加音频。选择"窗口>音频仪表"命令，打开"音频仪表"面板，如图8-19所示。单击"节目"监视器面板下方的"播放-停止切换"按钮▶，可以试听添加的音频，"音频仪表"面板中会显示声音的波段，如图8-20所示。

图8-19

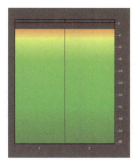

图8-20

8.1.5　设置音频单位格式

在监视器面板中进行编辑时，标准测量单位是帧。这种测量单位适用于视频的编辑，如果要精确地编辑音频，就需要使用与帧对应的音频单位。选择"文件>项目设置>常规"命令，打开"项目设置"对话框，在音频选项组的"显示格式"下拉列表中可以设置音频时间单位的显示格式为"毫秒"或"音频采样"，如图8-21所示。

图8-21

8.1.6 显示音频时间单位

默认情况下，"时间轴"面板中的时间以帧为单位，用户可以将其单位设为音频时间单位。

单击"时间轴"面板标题旁边的按钮 ≡，在弹出的列表中选择"显示音频时间单位"命令，如图8-22所示。可以将时间单位设为音频时间单位，"时间轴"面板中的音频时间单位为"音频采样"或"毫秒"，如图8-23所示。

图8-22

图8-23

8.1.7 设置音频速度和持续时间

在Premiere中，可以修改音频素材的持续时间，也可以通过修改音频素材的速度或持续时间，延长或缩短音频素材的持续时间。在"时间轴"面板中选中要调整的音频素材，然后选择"剪辑>速度/持续时间"命令，打开"剪辑速度/持续时间"对话框。在"速度"选项中可以对音频的速度进行调整，在"持续时间"选项中可以对音频的持续时间进行调整，如图8-24所示。

 小提示

改变音频的播放速度后，不仅音频的持续时间会发生改变，音频节奏也会发生改

变。当音频素材的持续时间过长时，为了不影响音频素材的播放速度，可以在"时间轴"面板中向左拖曳音频的出点，或者使用"剃刀工具" ◈ 对音频素材进行切割，删掉多余的部分，从而改变音频素材的持续时间。

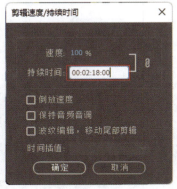

图8-24

8.1.8 音频和视频链接

默认情况下，将带有声音的视频素材添加到"时间轴"面板中时，其视频和音频为链接状态。在对该素材进行编辑时，会同时选中该素材的视频和音频。例如，在移动或删除视频（或音频）时，与之链接的音频（或视频）也将完成相应的操作。因此，如果需要对素材的视频或音频进行单独编辑，就需要处理音频和视频的链接。

1. 解除音频和视频的链接

将带有声音的视频素材添加到"时间轴"面板中并将其选中，然后选择"剪辑>取消链接"命令，或者在素材上单击鼠标右键，在弹出的快捷菜单中选择"取消链接"命令，即可解除音频和视频的链接，如图8-25所示。解除链接后，就可以单独选择音频或视频，对其进行编辑。

图8-25

2. 重新链接音频和视频

在"时间轴"面板中同时选中要链接的视频和音频素材，然后选择"剪辑>链接"命令，或在同时选中视频和音频素材后，单击鼠标右键，在弹出的快捷菜单中选择"链接"命令，即可链接视频和音频素材，如图8-26所示。

图8-26

3. 暂时解除音频与视频的链接

先按住Alt键，然后单击素材的音频或视频部分将其选中，再松开Alt键，可以暂时解除音频与视频的链接，如图8-27所示。暂时解除音频与视频的链接后，可以直接拖曳选中的音频或视频，在松开鼠标左键之前，素材的音频和视频仍然处于链接状态，但是音频和视频不再处于同步状态，如图8-28所示。

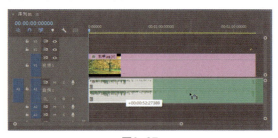

图8-27

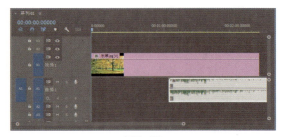

图8-28

如果在按住Alt键的同时直接拖曳素材的音频或视频部分，将对选中的对象进行复制，如图8-29和图8-30所示。

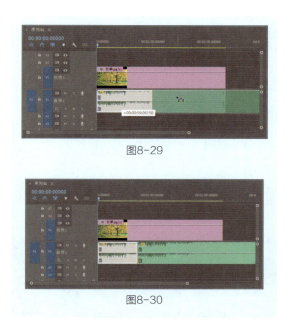

图8-29

图8-30

4. 设置音频与视频同步

如果素材的音频和视频没有处于同步状态，可以重新调整音频与视频素材，使其处于同步状态。在"时间轴"面板中选中要同步的音频和视频，再选择"剪辑>同步"命令，打开"同步剪辑"对话框，在该对话框中可以设置素材同步的方式，如图8-31所示。

图8-31

 音频效果

在Premiere中可以对音频添加音频效果，如设置声像器平衡和添加系统自带的音频效果等，从而使音频产生特殊效果。

8.2.1　课堂案例：高山流水

效果文件位置	源文件>CH08>高山流水
素材文件位置	源文件>CH08>高山流水
技术掌握	为音频添加音频效果

本例将通过创建"高山流水.mp4"影片，介绍为音频添加音频效果的操作，效果如图8-32所示。

图8-32

（1）启动Premiere Pro 2024应用程序，新建一个名为"高山流水"的项目，如图8-33所示。

图8-33

（2）选择"文件>导入"命令，打开"导入"对话框，如图8-34所示。将所需素材导入"项目"面板中，如图8-35所示。

（3）新建一个序列，将"项目"面板中的"高山流水.mp4"素材导入"时间轴"面板的V1轨道中，其音频素材将自动添加到A1轨道中，如图8-36所示。

（4）选中"时间轴"面板中的"高山流水.mp4"素材，单击鼠标右键，在弹出的快捷菜单中选择"取消链接"命令，如图8-37所示。

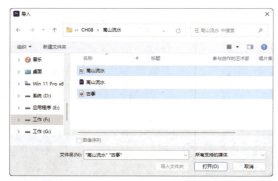

图8-34

图8-35

图8-36

图8-37

（5）取消"高山流水.mp4"素材的音频和视频的链接后，选择音频，按Delete键将其删除，如图8-38所示。

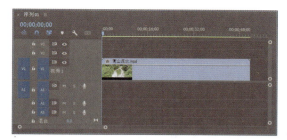

图8-38

（6）将"项目"面板中的"古筝.wav"素材导入"时间轴"面板的A1轨道中，如图8-39所示。

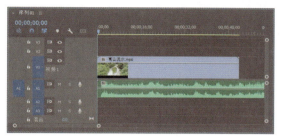

图8-39

（7）将时间指示器移到第51秒23帧，然后使用"剃刀工具"对音频素材进行切割，如图8-40所示。选中被切割音频素材的后半部分，按Delete键将其删除，如图8-41所示。

图8-40

图8-41

（8）打开"效果"面板，展开"音频效果>振幅与压限"素材箱，然后选择"增幅"效果，

将其拖曳到A1轨道中的音频素材上，如图8-42所示。

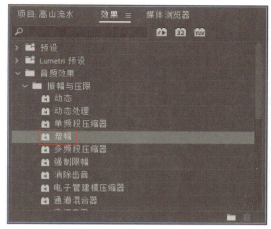

图8-42

（9）打开"效果控件"面板，展开"增幅"选项组，单击"编辑"按钮 编辑 ，如图8-43所示。

图8-43

（10）在打开的"剪辑效果编辑器"对话框中设置"左侧"和"右侧"的"增益"值均为5dB，完成音频效果的添加与编辑，如图8-44所示。

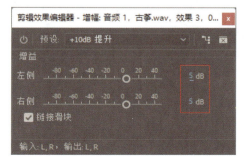

图8-44

（11）在"节目"监视器面板中单击"播放-停止切换"按钮▶，对影片进行预览，完成本例的制作，效果如图8-45所示。

图8-45

8.2.2　声像器平衡

在"时间轴"面板中进行音频素材的编辑时，在音频素材的效果图标 上单击鼠标右键，在弹出的快捷菜单中选择"声像器>平衡"命令，如图8-46所示。可以通过添加关键帧设置音频素材的声音摇摆效果，也就是使立体声的声音在左、右声道间来回切换播放，如图8-47所示。

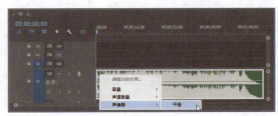

图8-46

图8-47

8.2.3　音频过渡效果

Premiere的"效果"面板中预存了很多音频过渡效果。"音频过渡"素材箱提供了3个"交叉淡化"音频过渡效果，如图8-48所示。在使用音频过渡效果时，只需要将其拖曳到音频素材

的入点或出点处，然后在"效果控件"面板中进行具体设置即可。

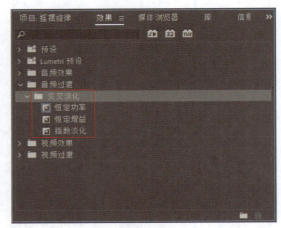

图8-48

8.2.4　常用音频效果

"音频效果"素材箱中存放着数十种音频效果，如图8-49所示。将这些效果直接拖曳到"时间轴"面板中的音频素材上，即可对该音频素材应用相应的音频效果。

图8-49

常用音频效果的作用如下。

● 多功能延迟：一种多重延迟效果，可以为素材中的原始音频添加多达4次的回声效果。

● 多频段压缩器：可以分频段控制的三频段压缩器。

● 低音：允许增大或减小较低的频率（等于或低于200Hz）。

● 平衡：允许控制左、右声道的相对音量。

若为正值，增大右声道的音量；若为负值，增大左声道的音量。

- **声道音量**：允许单独控制素材或轨道的立体声或5.1声道中每一个声道的音量，每一个声道的音量单位为分贝。
- **室内混响**：通过模拟室内音频播放的声音，为音频素材营造气氛和温馨感。
- **消除嗡嗡声**：一种滤波效果，可以删除超出指定范围或频段的频率。
- **反转**：将所有声道的相位颠倒。
- **高通**：删除低于指定频率界限的频率。
- **低通**：删除高于指定频率界限的频率。
- **延迟**：可以添加音频素材的回声。
- **参数均衡器**：可以增大或减小与指定中心频率接近的频率。
- **互换声道**：可以交换左、右声道信息的设置，只能应用于立体声素材。
- **高音**：允许增大或减小较高的频率（等于或高于4000Hz）。
- **音量**：如果需要在其他标准前调整音量，可使用"音量"效果代替固定音量效果。其中正值表示增加音量，负值表示减小音量。

8.3 音轨混合器

Premiere的音轨混合器是音频编辑中重要的工具之一。运用音轨混合器可以对音轨素材的播放效果进行编辑和控制。

8.3.1 课堂案例：婚礼配乐

效果文件位置	源文件>CH08>婚礼配乐
素材文件位置	源文件>CH08>婚礼配乐
技术掌握	掌握使用音轨混合器编辑音频的操作

婚礼配乐

本例将通过对婚礼配乐进行音频编辑，介绍使用音轨混合器编辑音频的操作。本例的最终效果如图8-50所示。

（1）启动Premiere Pro 2024应用程序，新建一个名为"婚礼配乐"的项目，如图8-51所示。

图8-50

图8-51

（2）选择"文件>导入"命令，打开"导入"对话框，如图8-52所示。将所需素材导入"项目"面板中，如图8-53所示。

图8-52

图8-53

（3）新建一个序列，将"婚礼花絮.mp4"视频素材添加到"时间轴"面板的V1轨道中，如

图8-54所示。在弹出的"剪辑不匹配警告"对话框中单击"更改序列设置"按钮 更改序列设置 ，如图8-55所示。

图8-54

图8-55

（4）将"项目"面板中的音频素材"音乐.mp3"添加到"时间轴"面板的A1轨道中，如图8-56所示。

图8-56

（5）将时间指示器移到第36秒13帧，用"剃刀工具" 对音频素材进行切割，如图8-57所示。选中被切割音频素材的后半段，按Delete键将其删除，如图8-58所示。

图8-57

图8-58

（6）展开A1轨道，在音频素材的第34秒和出点处分别单击"添加-移除关键帧"按钮 ，为音频素材添加两个关键帧，如图8-59所示。

图8-59

（7）将出点处的关键帧向下拖曳到最底端，将其音量调整到最低，制作声音淡出效果，如图8-60所示。

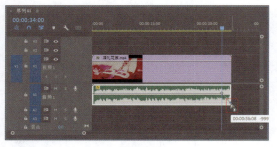

图8-60

（8）选择"窗口>音轨混合器>序列01"命令，打开"音轨混合器"面板，如图8-61所示。

（9）单击"显示/隐藏效果和发送"按钮 ，按钮变成 ，展开效果区域，显示效果和发送控件，如图8-62所示。

（10）单击"效果选择"按钮 ，如图8-63所示。在弹出的列表中选择"特殊效果>吉他套件"音频效果，完成音频效果的添加，如图8-64所示。

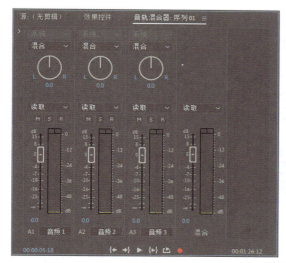

图8-61

图8-64

（11）在"节目"监视器面板中单击"播放-停止切换"按钮 ▶，对影片效果进行预览。本例的最终效果如图8-65所示。

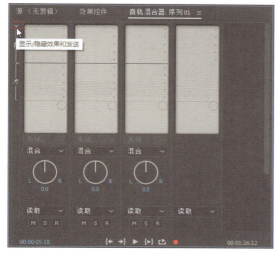

图8-62

图8-65

8.3.2　认识"音轨混合器"面板

　　选择"窗口>音轨混合器"命令（在有序列的情况下，会显示包含序列名称的子命令，选择相应的序列名称即可），打开"音轨混合器"面板，如图8-66所示。"音轨混合器"面板为每一条音轨都提供了一套控制方法，每条音轨根据"时间轴"面板中的相应音频轨道进行编号。使用该面板，可以设置每条轨道的音量大小、静音效果等。

　　● 左、右声道平衡：将该按钮向左转用于控制左声道，向右转用于控制右声道，也可以单击按钮下面的数值，在激活的文本框中输入数值以控制左、右声道，如图8-67所示。

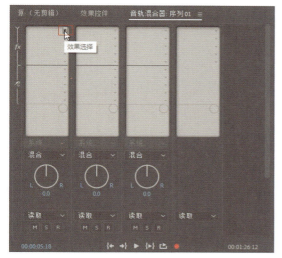

图8-63

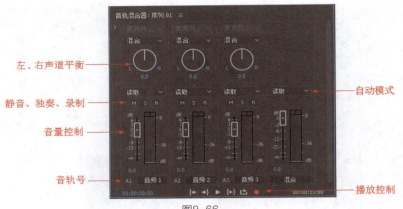

图8-66

左、右声道平衡 → （指向顶部旋钮）
静音、独奏、录制 → M S R
音量控制 → （指向音量滑块）
音轨号 → A1 音频 1
自动模式 → 读取
播放控制 → （指向播放控制）

图8-67

• **静音、独奏、录制**：M（静音轨道）按钮用于控制静音效果；S（独奏轨道）按钮可以为其他音轨设置静音效果，只播放当前音轨声音；R（启用轨道以进行录制）按钮用于录音控制，如图8-68所示。

图8-68

• **音量控制**：将滑块上下拖曳，可以调节音量的大小，旁边的刻度用来显示音量值，如图8-69所示。

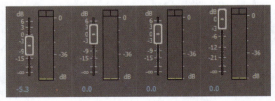

图8-69

• **音轨号**：对应"时间轴"面板中的各个音频轨道，如图8-70所示。如果"时间轴"面板中增加了一条音频轨道，则"音轨混合器"面板中也会显示出相应的音轨编号。

图8-70

• **自动模式**：在该下拉列表中可以选择一种

音频控制自动模式，如图8-71所示。

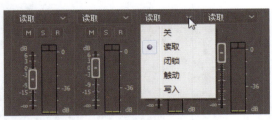

关
读取
闭锁
触动
写入

图8-71

• **播放控制**：包括"转到入点""转到出点""播放-停止切换""从入点到出点播放视频""循环""录制"按钮，如图8-72所示。

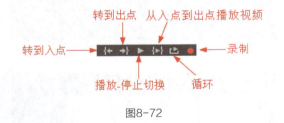

转到出点　从入点到出点播放视频
转到入点 →
录制 ←
播放-停止切换　循环

图8-72

8.3.3　声音调节和平衡控件

平衡控件用于重新分配立体声轨道和5.1声道轨道的输出。在声音输出到立体声轨道或5.1声道轨道时，"左/右平衡"旋钮用于控制单声道轨道的声音级别。在一条声道中增加声音级别的同时，另一条声道的声音级别将减少。在使用声音调节或平衡时，可以按住鼠标左键并拖曳"左/右平衡"旋钮上的指示器，或单击数值并输入一个新数值来改变声音平衡，如图8-73和图8-74所示。

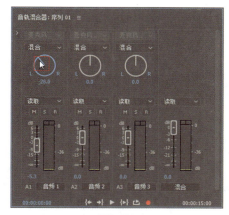

图8-73

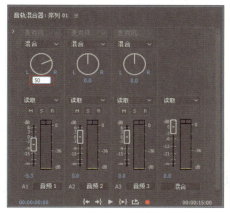

图8-74

8.3.4　添加效果

在进行音频编辑时，可以将效果添加到音轨混合器中。先在"音轨混合器"面板的左上角单击"显示/隐藏效果和发送"按钮，展开效果区域，如图8-75所示。将效果加载到音轨混合器的效果区域，再调整效果的个别控件，如图8-76所示。

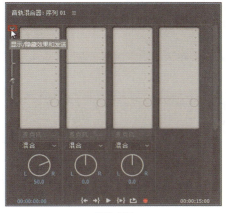

图8-75

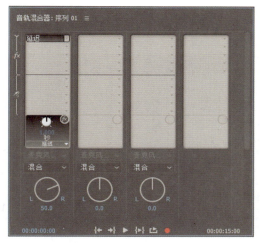

图8-76

8.3.5　关闭效果

在"音轨混合器"面板中单击效果控件旋钮右边的旁路开关按钮，该按钮上会出现一条斜线，此时可以关闭相应的效果，如图8-77所示。如果要重新开启该效果，只需再次单击旁路开关按钮即可。

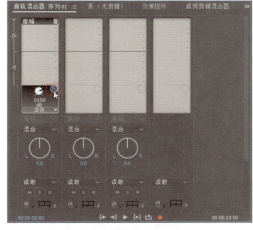

图8-77

8.3.6　移除效果

如果要移除"音轨混合器"面板中的音频效果，可以单击该效果名称右边的"效果选择"

按钮 ，在弹出的列表中选择"无"，如图8-78所示。

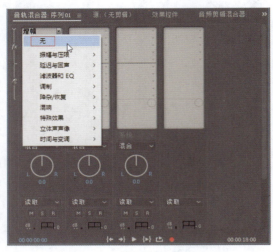

图8-78

课后习题

通过对本章的学习，读者应该对音频编辑有了深入的了解。本节将通过两个课后习题，帮助读者巩固所学知识。

课后习题：倒计时配音

效果文件位置	源文件>CH08>习题01
素材文件位置	源文件>CH08>习题01
技术掌握	巩固音频素材的添加与编辑方法

倒计时配音

本习题将通过为倒计时影片添加配乐，帮助读者巩固音频素材的添加与编辑方法。本习题最终效果如图8-79所示。

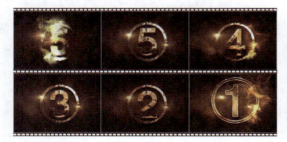

图8-79

（1）新建一个名为"倒计时配音"的项目，将"倒计时.mp4"和"配乐.mp3"素材导入"项目"面板中，如图8-80所示。

图8-80

（2）新建一个序列，将"项目"面板中的"倒计时.mp4"和"配乐.mp3"素材分别导入"时间轴"面板的V1轨道和A1轨道中，如图8-81所示。

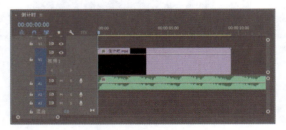

图8-81

（3）在第2秒3帧和第4秒1帧的位置对音频素材进行切割，如图8-82和图8-83所示。

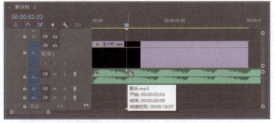

图8-82

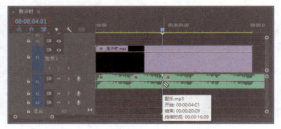

图8-83

（4）将音频的第2秒3帧前面的部分和第4秒1帧后面的部分删除，如图8-84所示。

图8-84

（5）将剩余音频向前移动，使其入点在第0秒的位置，如图8-85所示。

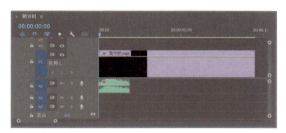

图8-85

（6）选中该音频，在按住Alt键的同时，按住鼠标左键并向右拖曳，即可对该音频进行复制，重复此操作4次，如图8-86所示。

图8-86

（7）在"节目"监视器面板中单击"播放-停止切换"按钮▶，对影片效果进行预览。本习题最终效果如图8-87所示。

图8-87

课后习题：室内混响音效

效果文件位置	源文件>CH08>习题02	
素材文件位置	源文件>CH08>习题02	室内混响音效
技术掌握	巩固为音频添加音效的方法	

本习题将通过对音频素材应用室内混响音效，帮助读者巩固为音频添加音效的方法。本习题最终效果如图8-88所示。

图8-88

（1）新建一个名为"室内混响音效"的项目文件，导入所需素材，如图8-89所示。

图8-89

（2）新建一个序列，将"项目"面板中的"毕业纪念影碟.mp4"和"音乐.mp3"素材分别添加到"时间轴"面板的V1轨道和A1轨道中，如图8-90所示。

（3）对音频素材进行切割，并将多余的音频素材删除，如图8-91所示。

（4）打开"效果"面板，依次展开"音频效果>混响"素材箱，选择"室内混响"效果，将其添加到A1轨道中的音频素材上，如图8-92所示。

图8-90

图8-91

图8-92

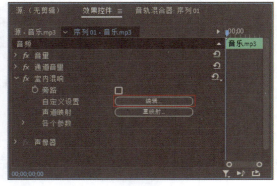

图8-93

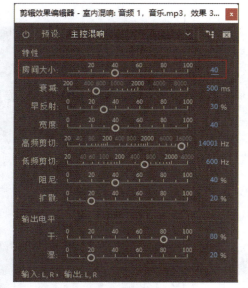

图8-94

（5）打开"效果控件"面板，展开"室内混响"选项组，单击"编辑"按钮 编辑... ，如图8-93所示。

（6）在打开的"剪辑效果编辑器"对话框中设置"房间大小"为40，完成音频效果的添加与编辑，如图8-94所示。

（7）在"节目"监视器面板中单击"播放-停止切换"按钮 ，对影片效果进行预览。本习题最终效果如图8-95所示。

图8-95

第9章 > 导出文件

本章导读

在 Premiere 中，可以将编辑的项目导出为视频文件，也可以将其导出为图片文件或音频文件。用 Premiere 可以根据不同的导出格式需求，导出相应的文件。本章将介绍导出文件的操作方法及相关知识。

本章学习要点

- 导出视频文件
- 导出图片文件
- 导出音频文件

9.1 导出视频文件

在Premiere中，可以将编辑的序列作为视频文件导出，常用格式有AVI、H.264、MPEG4、QuickTime、Windows Media等。

9.1.1 课堂案例：导出相册影片

效果文件位置	源文件>CH09>导出相册影片
素材文件位置	源文件>CH09>导出相册影片
技术掌握	掌握Premiere导出媒体的操作

导出相册影片

在Premiere中，可以将创建的作品导出为指定的媒体文件。本例导出的相册影片效果如图9-1所示。

图9-1

（1）打开"风景.prproj"项目文件，选择"时间轴"面板中的"序列01"，如图9-2所示。

图9-2

小提示

要导出编辑好的序列，首先需要在"时间轴"面板中选中要导出的序列，然后选择"文件>导出>媒体"命令对其进行导出。

（2）选择"文件>导出>媒体"命令，切换到"导出"面板中，在"设置"选项组中单击"格式"下拉列表框，在弹出的下拉列表中选择H.264格式，如图9-3所示。

（3）在"文件名"文本框中输入导出文件名，然后单击"位置"选项右侧的链接，如图9-4所示。在打开的"另存为"对话框中设置导出文件的位置，如图9-5所示。

（4）展开"视频"选项卡，在"基本视频设置"选项组中取消勾选各选项后面的复选框，可以更改视频设置，如视频的帧大小、帧速率、场序和长宽比等，如图9-6所示。

图9-3

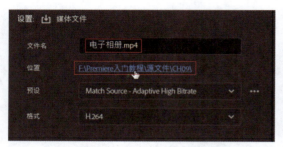

图9-4

图9-5

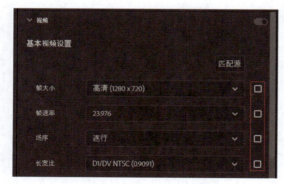

图9-6

用户可以根据需要设置是否导出音频，如果不想导出音频，可以将"音频"选项组关闭，如图9-7所示。

图9-7

（5）在"范围"下拉列表框中选择"整个源"作为导出的范围，如图9-8所示。

图9-8

（6）单击"导出"按钮，即可将编辑好的序列导出为指定的视频文件。使用播放软件可以播放导出的视频文件，如图9-9所示。

图9-9

9.1.2 文件导出的方法

选择"文件>导出"命令，可以在"导出"的子菜单中选择导出文件的类型，如图9-10所示。在Premiere中，通常将编辑好的序列导出为影片媒体。选择"文件>导出>媒体"命令，切换到"导出"面板中，可以进行详细的导出设置，如图9-11所示。

图9-10

图9-11

9.1.3 文件导出的常用设置

在导出文件时，通常需要设置的内容包括文件名和位置、文件格式、视频帧大小、音频格式、导出范围、导出媒体等。

1. 设置文件名称和位置

切换到"导出"面板中，在"设置"选项组的"文件名"文本框中可以输入导出文件名；单击"位置"选项右侧的链接，可以打开"另存为"对话框，在其中可以设置存储文件的位置，如图9-12和图9-13所示。

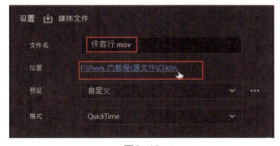

图9-12

图9-13

2. 设置文件格式

展开"设置"选项组中的"格式"下拉列表，在下拉列表中可以选择导出文件的格式，如图9-14所示。

图9-14

3. 设置视频帧大小、帧速率和长宽比

展开"视频"选项卡，在"基本视频设置"选项组中可以设置视频的帧大小、帧速率和长宽比，如图9-15所示。

图9-15

💡 **小提示**

默认情况下，视频的帧大小、帧速率和长宽比会自动设置以匹配源视频的属性，且不能进行修改，用户需要取消勾选相应选项后面的复选框，才能进行修改，如图9-16所示。

图9-16

4. 设置音频格式

展开"音频"选项卡，可以设置音频的格式、采样率和声道等，如图9-17所示。

图9-17

5. 设置导出范围

在"导出"面板右下方展开"范围"下拉列表，在该下拉列表中可选择要导出内容的范围，如图9-18所示。

图9-18

6. 导出媒体

完成导出设置后，可以在"导出"面板右下方查看设置参数，单击"导出"按钮 ，即可完成导出操作，如图9-19所示。

图9-19

9.2 导出图片文件

完成项目文件的创建后，有时需要将项目中的某一帧画面导出为静态图片文件。在Premiere中可以将编辑的项目文件以图片的形式导出，可以导出单帧的图片，也可以导出序列图片，以满足对影片项目中制作的视频特效画面进行取样等需求。

9.2.1 课堂案例：导出运动序列图片

效果文件位置	源文件>CH09>导出运动序列图片
素材文件位置	源文件>CH09>导出运动序列图片
技术掌握	将影片导出为序列图片

本例将通过导出项目中的图片，介绍导出序列图片的方法。本例最终效果如图9-20所示。

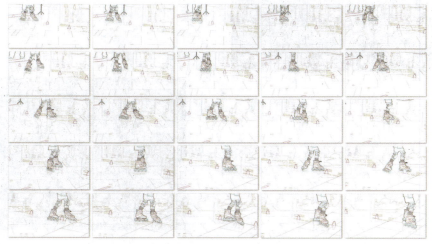

图9-20

（1）新建一个名为"导出运动序列图片"的项目，在"项目"面板中导入"运动.mp4"影片素材，如图9-21所示。

图9-21

（2）选择"项目"面板中的"运动.mp4"素材，然后选择"文件>导出>媒体"命令，切换到"导出"面板中，在"设置"选项组中的"格式"下拉列表中选择JPEG格式，如图9-22所示。

图9-22

（3）在"设置"选项组中单击"位置"选项右侧的链接，如图9-23所示。在打开的"另存为"对话框中设置导出文件的位置和文件名，如图9-24所示。

（4）展开"视频"选项卡，确保在"基本设置"选项组中的"导出为序列"复选框处于勾选状态，然后设置帧速率为5，如图9-25所示。

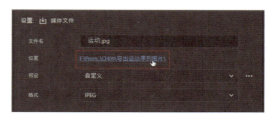

图9-23

图9-24

图9-25

（5）单击"导出"按钮 （见图9-26），即可将"项目"面板中的影片导出为序列图片。在指定的位置可以查看导出的序列图片，如图9-27所示。

图9-26

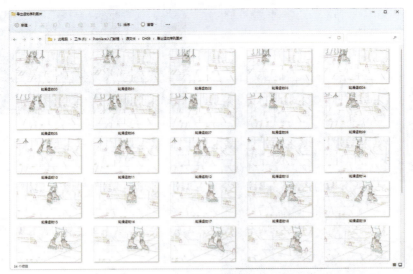

图9-27

9.2.2　导出的图片格式

在Premiere中，可以将编辑好的项目文件导出为图片格式，主要包括如下5种格式。

- BMP（Bitmap，位图）：这是一种由微软公司开发的位图文件格式，被大部分图像软件支持。它的缺点是磁盘占用空间大。
- GIF（Graphics Interchange Format，图像交互格式）：这是一种流行于互联网上较为特殊的图像格式，可用于展现动态图像。
- TIFF（Tag Image File Format，标记图像文件格式）：这是一种由Aldus公司开发的位图文件格式，可用于大部分操作系统，支持24位颜色，对图像大小无限制，支持RLE（Run-Length Encoding，游程编码）和JPEG（Joint Photographic Experts Group，联合图像专家组）等格式的压缩。
- JPEG：JPEG图片以24位颜色存储单个光栅图像。JPEG是与平台无关的格式，支持最高级别的压缩，但在压缩时图像会损耗。
- PNG（Portable Network Graphic，可移植网络图形）：这是一种于20世纪90年代中期诞生的图像文件存储格式。它可以替代GIF和TIFF格式，同时具有GIF格式所不具备的一些特点，其中之一是可以保留透明像素。

9.2.3　序列图片和单帧图片

在Premiere中，可以将编辑好的视频导出

为序列图片和单帧图片。默认情况下，导出视频时，会将序列中编辑的整个视频导出为序列图片。要将视频导出为单帧图片，首先要将时间指示器定位在要导出的帧位置，然后在"导出"面板中展开"视频"选项卡，再取消勾选"基本设置"选项组中的"导出为序列"复选框，如图9-28所示。

图9-28

 ## 导出音频文件

在Premiere中，除了可以将编辑好的项目导出为视频文件和图片文件外，也可以将项目导出为音频文件。Premiere可以导出的音频文件的格式包括WAV、MP3等。

9.3.1　课堂案例：导出影片中的音乐

效果文件位置	源文件>CH09>导出影片中的音乐
素材文件位置	源文件>CH09>导出影片中的音乐
技术掌握	掌握导出影片中的音乐的操作

如果只需要影片中的音频文件，可以将其单独导出。本例将通过导出影片中的音乐，介绍导出音频文件的操作，如图9-29所示。

图9-29

（1）新建一个名为"导出影片中的音乐"的项目，在"项目"面板中导入"智慧未来.mp4"素材，如图9-30所示。

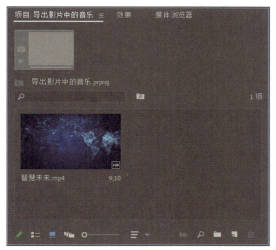

图9-30

（2）选择"项目"面板中的"智慧未来.mp4"素材，然后选择"文件>导出>媒体"命令，

切换到"导出"面板中，在"设置"选项组的"格式"下拉列表中选择MP3格式，如图9-31所示。

图9-31

（3）在"设置"选项组中单击"位置"选项右侧的链接，在打开的"另存为"对话框中设置导出文件的位置和文件名，如图9-32所示。

图9-32

（4）在"导出"面板中展开"音频"选项卡，可以设置音频的声道和比特率，如图9-33所示。

图9-33

（5）单击"导出"按钮，即可将影片中的音频单独导出来。找到导出的音频文件，可以使用播放器对其进行播放，如图9-34所示。

图9-34

9.3.2 导出音频的方法

选择"文件>导出>媒体"命令，切换到"导出"面板中，在"格式"下拉列表框中选择一种音频格式（如波形音频），如图9-35所示。

图9-35

在"音频"选项卡中展开"音频编解码器"下拉列表，可以选择需要的音频编解码器，如图9-36所示。设置好导出文件的位置和文件名后，单击"导出"面板右下方的"导出"按钮 ，即可导出音频。

图9-36

9.3.3 基本音频设置

在"音频"选项卡的"基本音频设置"选项组中，可以对音频的采样率、声道和样本大小等进行基本设置，如图9-37所示。

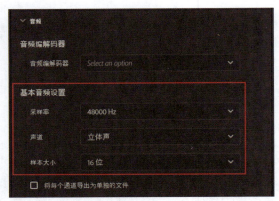

图9-37

● 采样率：降低采样率可以减小文件大小，并加速最终产品的渲染。采样率越高，画面质量越好，但处理时间也越长。例如，CD文件的采样率是44100Hz。

● 声道：可以设置声道为单声道或立体声。

● 样本大小：立体32位是最高设置，单声8位是最低设置。位深度越低，生成的文件越小，渲染时间越短。

9.4 课后习题

通过对本章的学习，读者应该掌握了导出文件的方法。本节将通过两个课后习题，帮助读者巩固所学知识。

课后习题：导出视频

效果文件位置	源文件>CH09>习题01	
素材文件位置	源文件>CH09>习题01	导出视频
技术掌握	巩固导出视频文件的操作方法	

本习题将通过导出编辑好的序列，帮助读者巩固导出视频文件的操作方法。本习题最终效果如图9-38所示。

图9-38

（1）打开"旅游日记.prproj"项目文件，选择"时间轴"面板中的"合成"序列作为导出对象，如图9-39所示。

（2）选择"文件>导出>媒体"命令，切换到"导出"面板中，设置导出文件的格式、位置和文件名，然后单击"导出"按钮 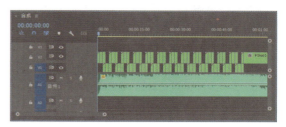，如图9-40所示。

图9-39

图9-40

（3）找到导出的视频文件，然后使用播放器进行播放，如图9-41所示。

图9-41

课后习题：导出单帧图片

效果文件位置	源文件>CH09>习题02
素材文件位置	源文件>CH09>习题02

导出单帧图片

> **技术掌握** 巩固导出图片文件的操作方法

本习题通过将编辑好的电子相册导出为单帧图片，帮助读者巩固导出图片文件的操作方法。本习题最终效果如图9-42所示。

图9-42

（1）打开"旅游日记.prproj"项目文件，在"时间轴"面板中将时间指示器移到需要导出的帧位置，如图9-43所示。

图9-43

图9-47所示。

图9-45

（2）在"节目"监视器面板中可以预览当前帧的画面，如图9-44所示。

图9-44

图9-46

（3）选择"文件>导出>媒体"命令，切换到"导出"面板中，在"格式"下拉列表中选择导出的图片格式为TIFF，然后设置文件名和位置，如图9-45所示。

（4）展开"视频"选项卡，在"基本设置"选项组中取消勾选"导出为序列"复选框，如图9-46所示。

（5）单击"导出"面板右下方的"导出"按钮，即可将指定的帧导出为单帧图片，如

图9-47

第10章

综合案例

本章导读

通过前面的学习，读者能够掌握使用 Premiere 进行视频编辑的流程和技巧。本章将通过多个综合案例讲解本书所包含知识的具体应用，帮助读者为以后进行影视制作打下基础。

本章学习要点

● 视频编辑的方法
● 动画的制作方法

● 视频合成的方法

10.1 综合案例：婚礼MV

效果文件位置	源文件>CH10>婚礼MV
素材文件位置	源文件>CH10>婚礼MV
技术掌握	掌握使用Premiere进行视频编辑的方法

婚礼MV

本例的最终效果如图10-1所示。

（1）启动Premiere Pro 2024应用程序，新建一个名为"婚礼MV"的项目，如图10-2所示。

图10-1

（2）选择"文件>导入"命令，打开"导入"对话框，选择需要的素材，单击"打开"按钮 <kbd>打开(O)</kbd>，如图10-3所示。将选择的素材导入"项目"面板中，如图10-4所示。

图10-2

图10-3

子素材分别拖曳到对应的素材箱中，如图10-6所示。

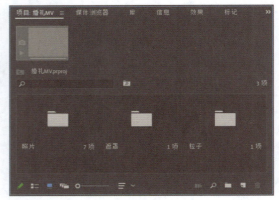

图10-6

（5）选择"文件>新建>序列"命令，打开"新建序列"对话框，对新建序列进行命名，如图10-7所示。

图10-7

（6）选择"设置"选项卡，设置"编辑模式"和"帧大小"，如图10-8所示。

（7）将"项目"面板中的"粒子背景.mp4"素材添加到"时间轴"面板的V1轨道中，如图10-9所示。

（8）在"项目"面板中选择所有的照片素材，然后选择"剪辑>速度/持续时间"命令，打开"剪辑速度/持续时间"对话框，设

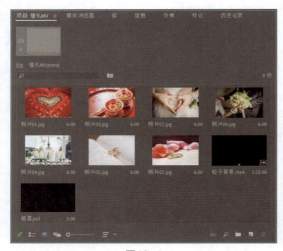

图10-4

（3）单击"项目"面板下方的"新建素材箱"按钮■，创建3个素材箱，分别重命名为"照片""遮罩""粒子"，如图10-5所示。

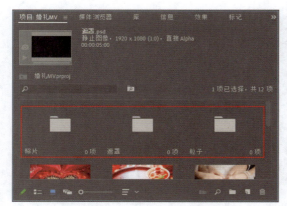

图10-5

（4）将"项目"面板中的照片、遮罩和粒

置各个照片的"持续时间"为6秒，如图10-10
所示。

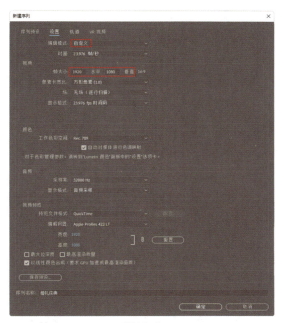

图10-8

图10-9

图10-10

（9）将素材"照片01.jpg"～"照片07.jpg"
依次添加到V2轨道中，然后使用"选择工具"
调整各个照片的入点，依次为第19秒、第25秒
12帧、第32秒、第38秒12帧、第45秒、第51秒
12帧、第58秒，如图10-11和图10-12所示。

图10-11

图10-12

（10）在"节目"监视器面板中单击"播放-
停止切换"按钮，可以预览添加照片后的视
频效果，如图10-13所示。

图10-13

（11）参照V2轨道中各照片的入点和出点，
将"遮罩.psd"素材重复添加到V3轨道中，并设
置每一个素材的持续时间与下方照片素材等长，
如图10-14所示。

图10-14

（12）在"节目"监视器面板中可以预览添

加遮罩后的视频效果，如图10-15所示。

图10-15

（13）打开"效果"面板，展开"视频效果>键控"素材箱，选中"轨道遮罩键"效果，如图10-16所示。将"轨道遮罩键"效果依次拖曳到V2轨道中的各个照片素材上。

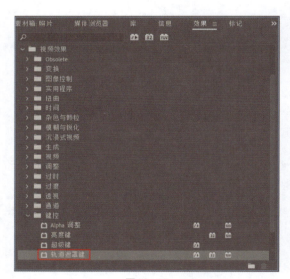

图10-16

（14）选中V2轨道中的照片素材，打开"效果控件"面板，展开"轨道遮罩键"选项组，设置"遮罩"为"视频3"、"合成方式"为"Alpha遮罩"，勾选"反向"复选框，如图10-17所示。在"节目"监视器面板进行预览，效果如图10-18所示。

（15）使用"文字工具" T 在"节目"监视器面板中创建文字图形，如图10-19所示。然后将生成的文字图形移到V3轨道中，在第2秒的位置设置入点，如图10-20所示。

图10-17

图10-18

图10-19

图10-20

（16）在"基本图形"面板中设置文字的字体为"黑体"、字体大小为110，设置填充颜色为橙色、描边颜色为白色，如图10-21所示。文字效果如图10-22所示。

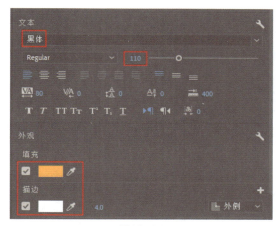

图10-21

图10-22

（17）使用相似的方法，分别在第8秒和第14秒的位置创建另外两个文字图形，如图10-23和图10-24所示。

图10-23

（18）在"时间轴"面板中选择前面创建的3个文字图形，设置其"持续时间"为4秒6帧，如图10-25所示。

图10-24

图10-25

（19）将鼠标指针移动到V3轨道的上边缘，当鼠标指针变为 图标时，按住鼠标左键向上拖曳，可以将V3轨道拓宽，直到能够显示出关键帧控件为止。然后选择第一个文字图形，在第2秒、第2秒10帧、第5秒20帧、第6秒5帧处分别单击"添加-移除关键帧"按钮 为字幕素材添加关键帧，如图10-26和图10-27所示。

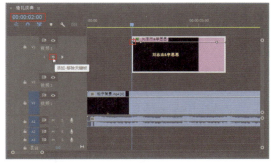

图10-26

（20）将第2秒和第6秒5帧的关键帧选中，按住鼠标左键向下拖曳到最底端，可以将该位置的"不透明度"值降至0%，如图10-28所示。

图10-27

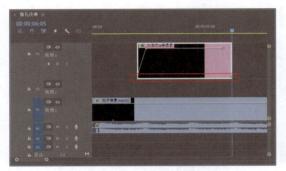

图10-28

（21）在"节目"监视器面板中单击"播放-停止切换"按钮▶，可以预览渐隐/渐显的字幕效果，如图10-29所示。

图10-29

（22）使用同样的方法为其他文字图形添加关键帧，并调整其"不透明度"值，制作渐隐/渐显的效果，如图10-30所示。

图10-30

（23）将时间指示器移动到第1分3秒20帧，然后单击"工具"面板中的"剃刀工具"按钮◈，对V1轨道中的素材进行切割，如图10-31所示。

示。然后选择被切割素材的后半部分，按Delete键将其删除，如图10-32所示。

图10-31

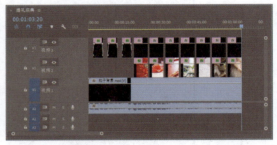

图10-32

（24）展开A1轨道，在音频素材的第0秒、第2秒、第1分2秒、第1分3秒20帧处各添加一个关键帧，如图10-33和图10-34所示。

图10-33

图10-34

（25）将第0秒和第1分3秒20帧处的关键帧选中，按住鼠标左键向下拖曳到最底端，可以将该位置的音量调到最低，如图10-35所示。

图10-35

（26）选择"文件>导出>媒体"命令，切换到"导出"面板中，设置导出文件的文件名、位置和格式，然后单击"导出"按钮  将其导出，如图10-36所示。

图10-36

（27）使用播放软件播放导出的视频文件，效果如图10-37所示。

图10-37

10.2 综合案例：Logo动画片头

效果文件位置	源文件>CH10>Logo动画片头	
素材文件位置	源文件>CH10>Logo动画片头	Logo动画片头

技术掌握　　　掌握Logo动画片头的制作方法

本例的最终效果如图10-38所示。

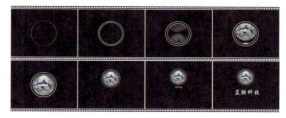

图10-38

1. 制作图像动画

（1）选择"文件>新建>项目"命令，新建一个名为"Logo动画片头"的项目，如图10-39所示。

图10-39

（2）选择"文件>导入"命令，打开"导入"对话框，选择需要的素材，单击"打开"按钮 打开(O)，如图10-40所示。将选择的素材导入"项目"面板中，如图10-41所示。

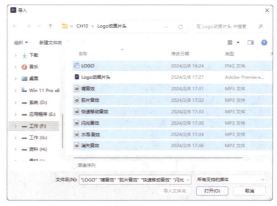

图10-40

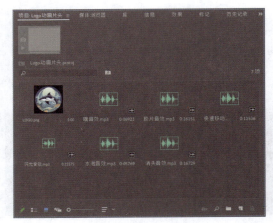

图10-41

（3）选择"文件>新建>序列"命令，新建一个序列，如图10-42所示。

图10-42

（4）将"项目"面板中的"LOGO.png"素材添加到"时间轴"面板的V1轨道中，如图10-43所示。

图10-43

（5）打开"效果控件"面板，设置"LOGO.png"素材的"缩放"值为25，如图10-44所示。在"节目"监视器面板中的预览效果如图10-45所示。

图10-44

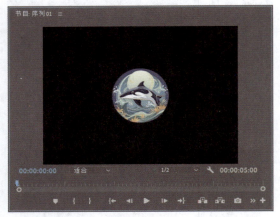

图10-45

（6）单击"工具"面板中的"椭圆工具"按钮，绘制一个圆形边框，取消圆形边框的填充颜色，并设置描边颜色为白色，如图10-46所示。圆形边框效果如图10-47所示。

图10-46

图10-47

（7）按住Alt键，将圆形边框拖曳到V3轨道中，可以复制一个圆形边框，效果如图10-48所示。

图10-48

（8）打开"效果"面板，展开"视频过渡>沉浸式视频"素材箱，然后选择"VR光线"效果，如图10-49所示。将"VR光线"效果添加到V2轨道中圆形边框的入点处，效果如图10-50所示。

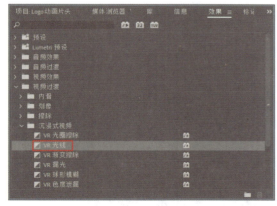

图10-49

（9）向后拖曳"LOGO.png"素材，将其入点设置在第18帧的位置，如图10-51所示。然后向后拖曳V3轨道中的圆形边框，将其入点设置在第12帧的位置，如图10-52所示。

图10-50

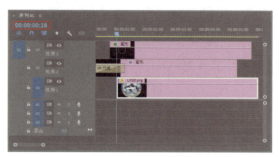

图10-51

图10-52

（10）选择V3轨道中的圆形边框，将时间指示器移动到第12帧，打开"效果控件"面板，为"缩放"选项添加一个关键帧，设置"缩放"值为100，如图10-53所示。

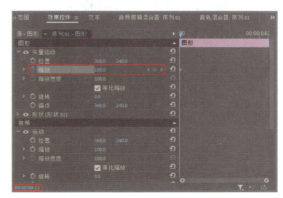

图10-53

（11）将时间指示器移动到第18帧，为"缩放"选项添加一个关键帧，设置"缩放"值为85，如图10-54所示。

的素材上。

图10-57

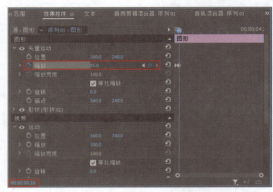

图10-54

（12）重新调整"LOGO.png"素材的大小，如图10-55所示。使其大小与小圆形边框一致，效果如图10-56所示。

（14）打开"效果控件"面板，在"偏移"选项组中单击"创建椭圆形蒙版"按钮 ⬭，如图10-58所示。在"节目"监视器面板中绘制一个圆形蒙版，使蒙版与素材完全重合，这样素材将只在蒙版内运动，效果如图10-59所示。

图10-55

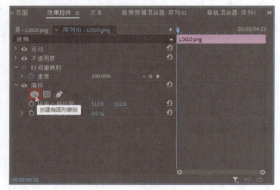

图10-58

图10-56

（13）打开"效果"面板，展开"视频效果>扭曲"素材箱，选中"偏移"效果，如图10-57所示。将"偏移"效果拖曳到V1轨道中

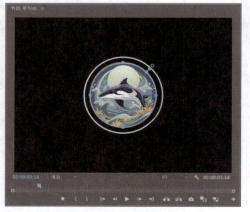

图10-59

（15）将时间指示器移到V1轨道中的素材入

点处，为"将中心移位至"选项设置一个关键帧，并调整第二个坐标值，如图10-60所示。

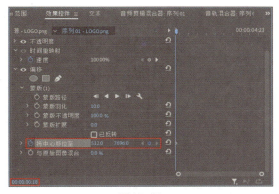

图10-60

（16）将时间指示器移到第2秒，为"将中心移位至"选项添加一个关键帧，并调整第二个坐标值，如图10-61所示。

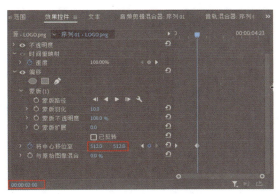

图10-61

（17）在"效果"面板中展开"视频效果>模糊与锐化"素材箱，将"方向模糊"效果添加到V1轨道中的素材上，如图10-62所示。

图10-62

（18）打开"效果控件"面板，在第18帧的位置为"模糊长度"选项添加一个关键帧，设置"模糊长度"值为45，如图10-63所示。在第2秒的位置为"模糊长度"选项添加一个关键帧，设置"模糊长度"值为0，如图10-64所示。

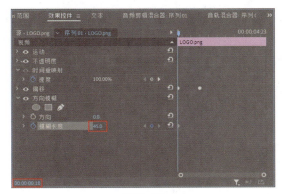

图10-63

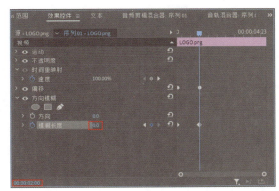

图10-64

（19）在"效果"面板中展开"视频过渡>溶解"素材箱，将"交叉溶解"过渡效果添加到V1轨道中素材的入点处，如图10-65和图10-66所示。

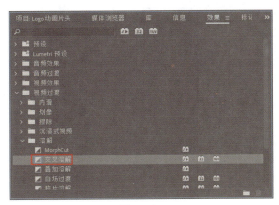

图10-65

图10-66

（20）将时间指示器移到第10秒，向后拖曳各素材的出点，使各素材的出点都在第10秒处，如图10-67所示。

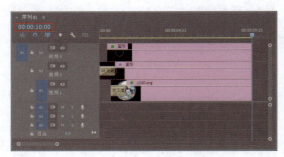

图10-67

（21）选中时间轴中的所有素材，在素材上单击鼠标右键，在弹出的快捷菜单中选择"嵌套"命令，如图10-68所示。创建"嵌套序列01"，如图10-69所示。

图10-68

图10-69

2. 制作文字动画

（1）选中"嵌套序列01"，打开"效果控件"面板，在第4秒为"位置"和"缩放"选项各添加一个关键帧，如图10-70所示。将时间指示器移到第4秒10帧，为"位置"和"缩放"选项各添加一个关键帧，并调整"位置"坐标值和"缩放"值，制作出素材缩放和上移的动画，如图10-71所示。

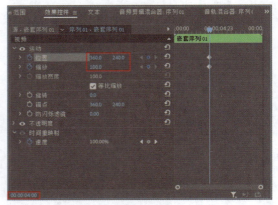

图10-70

图10-71

（2）在"工具"面板中单击"文字工具"按钮 T，在"节目"监视器面板中创建文字"蓝鲸科技"，然后在"基本图形"面板中设置文字的字体、大小和描边，如图10-72所示。文字效果如图10-73所示。

图10-72

图10-73

（3）在"时间轴"面板中将文字图形的入点调整到第5秒处，如图10-74所示。

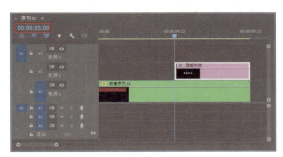

图10-74

（4）在"效果"面板中展开"视频过渡>沉浸式视频"素材箱，将"VR默比乌斯缩放"过渡效果添加到文字图形的入点处，如图10-75和图10-76所示。

图10-75

（5）将"效果"面板中的"VR光线"过渡效果添加到"嵌套序列01"的出点处，如图10-77所示。

（6）将"效果"面板中的"交叉溶解"过

渡效果添加到文字图形的出点处，如图10-78所示。

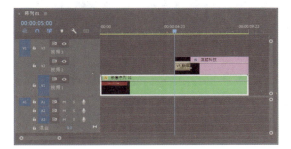

图10-76

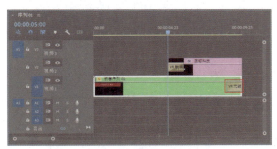

图10-77

图10-78

（7）将"项目"面板中的各个音频素材添加到音频轨道中，如图10-79所示。

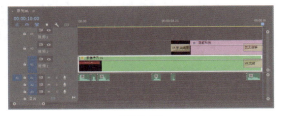

图10-79

（8）选择"文件>导出>媒体"命令，打开"导出设置"对话框，设置导出文件的文件名、位置和格式，然后单击"导出"按钮 导出 将其导出，如图10-80所示。

图10-80

（9）使用播放软件播放导出的视频文件，完成本例的制作，效果如图10-81所示。

图10-81

10.3 综合案例：公益广告片头

效果文件位置	源文件>CH10>公益广告片头
素材文件位置	源文件>CH10>公益广告片头
技术掌握	掌握公益广告片头的制作方法

公益广告片头

本例的最终效果如图10-82所示。

图10-82

（1）选择"文件>新建>项目"命令，新建一个名为"公益广告片头"的项目，如图10-83所示。

图10-83

（2）选择"文件>导入"命令，打开"导入"对话框，选择需要的素材，单击"打开"按钮 **打开(O)**，如图10-84所示。将选择的素材导入"项目"面板中，如图10-85所示。

（3）选择"文件>新建>序列"命令，新建一个序列，选择适用于本例的"编辑模式"，如图10-86所示。

图10-84

图10-85

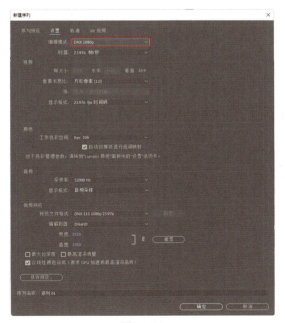

图10-86

（4）将"项目"面板中的图像素材添加到"时间轴"面板的V1轨道中，如图10-87所示。

图10-87

（5）在"工具"面板中单击"文字工具"按钮 T，在"节目"监视器面板中创建文字图形，然后在"基本图形"面板中设置文字的字体、大小、填充颜色和描边颜色，如图10-88所示。文字效果如图10-89所示。

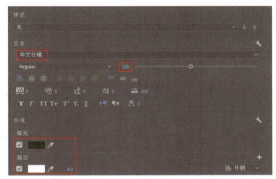

图10-88

图10-89

（6）将时间指示器移到第5秒，创建第二个文字图形，如图10-90和图10-91所示。

（7）将时间指示器移到第10秒，创建第三个文字图形，如图10-92和图10-93所示。

图10-90

图10-91

图10-92

图10-93

（8）打开"效果"面板，展开"视频过渡>

溶解"素材箱，然后选择"交叉溶解"效果，如图10-94所示。将"交叉溶解"效果添加到V1轨道中第一个素材的入点处和V2轨道中所有文字图形的入点处，如图10-95所示。

图10-94

图10-95

（9）展开"视频过渡>内滑"素材箱，选择"急摇"过渡效果，如图10-96所示。将"急摇"效果添加到V1轨道中第二个和第三个素材的入点处，如图10-97所示。

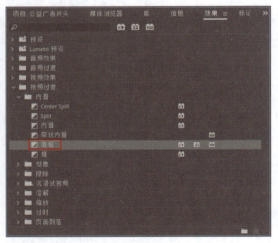

图10-96

图10-97

（10）选择V1轨道中的第一个素材，将时间指示器移动到第0秒。打开"效果控件"面板，为"缩放"选项添加一个关键帧，设置"缩放"值为200，如图10-98所示。

图10-98

（11）将时间指示器移动到第3秒。为"缩放"选项添加一个关键帧，设置"缩放"值为100，如图10-99所示。

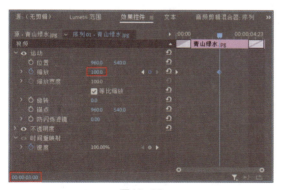

图10-99

（12）选择创建的两个关键帧，然后单击鼠标右键，在弹出的快捷菜单中选择"复制"命令，如图10-100所示。

（13）在"时间轴"面板中选择V1轨道中的第二个素材，将时间指示器移到第5秒，切换到"效果控件"面板中，然后在右侧的时间轴区域单击鼠标右键，在弹出的快捷菜单中选择"粘

贴"命令，如图10-101所示。对复制的关键帧进行粘贴，如图10-102所示。

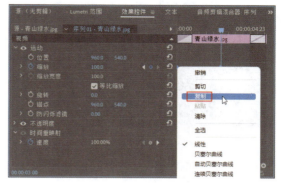

图10-100

图10-101

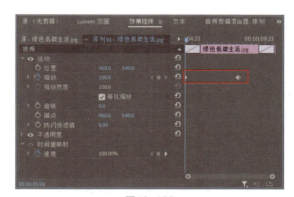

图10-102

（14）选择V1轨道中的第三个素材，将时间指示器移到第10秒，再次对复制的关键帧进行粘贴，效果如图10-103所示。

（15）选择V2轨道中的第一个文字图形，切换到"效果控件"面板中，在第0秒时为"位置"选项添加一个关键帧，并调整关键帧的水平坐标值，使文字移出画面的右侧，如图10-104所示。

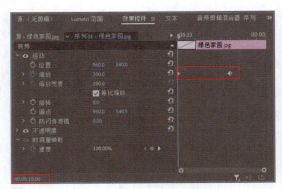

图10-103

图10-104

（16）将时间指示器移到第2秒，为"位置"选项添加一个关键帧，调整关键帧的水平坐标值，使文字进入画面中，如图10-105所示。

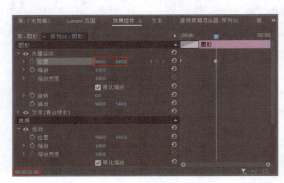

图10-105

（17）使用相似的方法，为V2轨道中的第二个文字图形和第三个文字图形添加"位置"关键帧，使文字产生从画面右侧进入画面中的运动效果，如图10-106和图10-107所示。

（18）将"交叉溶解"效果添加到V1轨道和V2轨道中最后一个素材的出点处，如图10-108所示。

图10-106

图10-107

图10-108

（19）将"项目"面板中的音频素材添加到A1轨道中，并调整音频素材的出点，如图10-109所示。

图10-109

（20）展开A1轨道，在音频素材结束位置添加两个关键帧，并将最后一个关键帧向下拖曳，制作出声音淡出的效果，如图10-110所示。

图10-110

图10-111

图10-112

（21）选择"文件>导出>媒体"命令，打开"导出设置"对话框，设置导出文件的文件名、位置和格式，然后单击"导出"按钮 将其导出，如图10-111所示。

（22）使用播放软件播放导出的视频文件，效果如图10-112所示。

| 技术掌握 | 掌握视频合成的方法 |

本习题最终效果如图10-113所示。

图10-113

10.4 课后习题

通过对本章的学习，读者应该掌握了视频编辑的相关流程和操作。本节将通过两个课后习题，帮助读者巩固使用Premiere编辑视频的方法。

课后习题：背景合成特效

效果文件位置	源文件>CH10>习题01
素材文件位置	源文件>CH10>习题01

背景合成特效

（1）新建一个名为"背景合成特效"的项目文件，将所需素材导入"项目"面板中，如图10-114所示。

（2）新建一个序列，将"项目"面板中的"背影.jpg"素材添加到"时间轴"面板的V1轨道中，将"翅膀.mov"视频素材添加到V2轨道中。调整"背影.jpg"素材的出点与V2轨道中视频素材的出点对齐，如图10-115所示。

（3）将"亮度键"效果添加到V2轨道中的"翅膀.mov"素材上，打开"效果控件"面板，展开"亮度键"选项组，设置"阈值"为50%，如图10-116所示。

图10-114

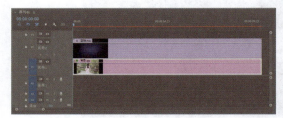

图10-115

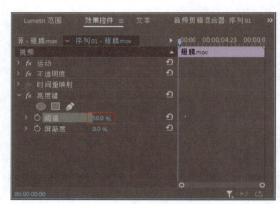

图10-116

100，如图10-119所示。

图10-117

图10-118

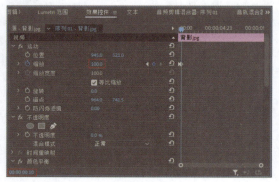

图10-119

（4）将"颜色平衡"效果添加到V1轨道中的"背影.jpg"素材上，在"效果控件"面板中将"阴影红色平衡"设为46.2、"中间调红色平衡"设为20、"高光红色平衡"设为22.3、"高光蓝色平衡"设为-17.7，使背影和翅膀色调一致，如图10-117所示。

（5）将时间指示器移动到第0秒，在"运动"选项组中设置"位置"的坐标值为（945，521），然后单击"缩放"选项前面的"切换动画"按钮 ⏱，开启缩放动画功能，设置"缩放"值为1000，如图10-118所示。将时间指示器移动到第0秒10帧，单击"缩放"选项后面的"添加/移除关键帧"按钮 ◆，设置"缩放"值为

（6）将时间指示器移动到第9秒23帧，单击"缩放"选项后面的"添加/移除关键帧"按钮 ◆，设置"缩放"值为100，如图10-120所示。将时间指示器移动到第10秒14帧，单击"缩放"选项后面的"添加/移除关键帧"按钮 ◆，设置"缩放"值为1000，如图10-121所示。

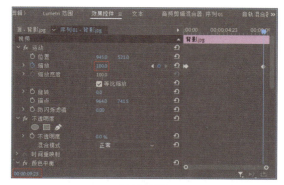

图10-120

图10-121

（7）将"项目"面板中的"震动翅膀.wav"音频素材重复添加到A1轨道中，设置其入点分别在第0秒和第6秒5帧的位置，如图10-122所示。

图10-122

（8）将编辑好的视频导出为文件，可以使用播放软件进行播放，效果如图10-123所示。

图10-123

课后习题：去除水印

效果文件位置	源文件>CH10>习题02
素材文件位置	源文件>CH10>习题02
技术掌握	巩固Premiere视频效果的应用方法

去除水印

本习题将通过对视频素材应用"中间值（旧版）"视频效果，去除视频素材中的水印。本习题去除水印前后的对比效果如图10-124所示。

图10-124

（1）新建一个名为"去除水印"的项目，在"项目"面板中导入"水印视频.mp4"，如图10-125所示。

图10-125

（2）新建一个序列，将视频素材添加到"时间轴"面板的V1轨道中，如图10-126所示。

（3）将"中间值（旧版）"效果添加到V1轨道中的视频素材上。在"效果控件"面板中展开"中间值（旧版）"选项组，然后单击"创建椭圆形蒙版"按钮◯，如图10-127所示。在"节目"监视器面板中绘制一个椭圆形蒙版，如图10-128所示。

图10-126

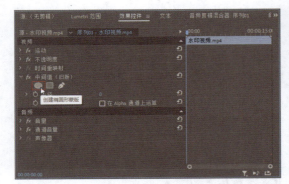

图10-127

图10-128

（4）在"中间值（旧版）"选项组中设置"蒙版羽化"的值为10、"半径"为18，如图10-129所示。

图10-129

（5）将编辑好的视频导出为文件，可以使用播放软件进行播放，效果如图10-130所示。

图10-130